# THE LOOSE-LEAF STUDY GUIDE

# MATHEMATICS

## FOR HS STUDENTS

★★★

## ルーズリーフ参考書
### 高校 数学II・B
［改訂版］

数学II・Bの要点を
まとめて整理するルーズリーフ

Gakken

No.

JN042264

# 本書の使い方 HOW TO USE THIS BOOK

ルーズリーフ参考書は, すべてのページを自由に入れ替えて使うことができます。
勉強したい範囲だけを取り出したり, 自分の教科書や授業の順番に入れ替えたり……。
自分の使っているルーズリーフと組み合わせるのもおすすめです。
あなたがいちばん使いやすいカタチにカスタマイズしましょう。

各単元の重要なところが,
一枚にぎゅっとまとまっています。

## STEP 1  空欄に用語や数・式を書き込む

公式を確認しながら, 例題を穴埋めしましょう。

➡ あっという間に要点まとめが完成!
　　* 解答は巻末にあります。

公式や解法を
確認

## STEP 2  解き方を振り返る

公式や例題を振り返って, 解き方を確認しましょう。
問題集を解くときに, 苦手な部分をノートや
バインダーにはさんでおけば, すぐに要点が
確認できます。

例題を解く

赤やオレンジのペンで書き込めば,
赤フィルターを使って
繰りかえし復習できます。

# ルーズリーフのはがし方 HOW TO DETACH A SHEET

**注意**
ATTENTION

**01** 最初にリボンを取りはずしてください。
（カバーをはずしてシールをはがすか, はさみで切ってください）

**02** はがしたいページをよく開いた状態で,
一枚ずつ端からゆっくりはがしてください。

力を入れて勢いよくひっぱったり,
一度にたくさんのページをはがしたりすると,
穴がちぎれてしまうおそれがあります。

01

02

# THE LOOSE-LEAF STUDY GUIDE MATHEMATICS FOR HS STUDENTS ✦✦✦

ルーズリーフ参考書
高校 数学II・B ［改訂版］

# CONTENTS

◆ 本書の使い方 … 002
時間割 … 005
年間予定表 … 006
いつでもチェック!重要シート … 007

◆ 数学II   MATHEMATICS II
3次式の展開と因数分解 … 015
二項定理 … 016
多項式の割り算 … 017
恒等式 … 018
分数式 … 019
等式の証明 … 021
不等式の証明 … 023
実数の平方 … 024
絶対値と不等式 … 025
相加平均と相乗平均 … 026
複素数 … 027
2次方程式の解 … 029
解と係数の関係 … 031
2次式の因数分解 … 033
剰余の定理 … 035
因数定理 … 036
高次方程式 … 037
直線上の点 … 039
座標平面上の点 … 040
座標平面上の内分点・外分点 … 041
直線の方程式 … 043
2直線の平行・垂直 … 044
直線に関して対称な点 … 045
点と直線の距離 … 046
円の方程式 … 047

円と直線 … 049
円の接線の方程式 … 051
2つの円 … 053
軌跡と方程式 … 055
不等式の表す領域 … 056
連立不等式の表す領域 … 057
領域の最大・最小 … 058
角の拡張 … 059
三角関数 … 060
三角関数の相互関係 … 061
三角関数のグラフ … 063
三角関数の性質 … 065
三角関数を含む方程式 … 067
三角関数を含む不等式 … 068
正弦・余弦の加法定理 … 069
正接の加法定理 … 070
2倍角の公式 … 071
半角の公式 … 072
2倍角と三角関数の方程式 … 073
和と積の公式 … 074
三角関数の合成 … 075
整数の指数 … 077
累乗根 … 078
有理数の指数 … 079
指数関数のグラフ … 081

THE
LOOSE-LEAF
STUDY GUIDE
— MATHEMATICS —
FOR HS STUDENTS
∗∗∗

ルーズリーフ参考書
高校 数学II・B ［改訂版］

# CONTENTS

指数関数の特徴…082
指数関数を含む方程式, 不等式…083
対数…085
対数の性質…086
底の変換…087
対数関数のグラフ…089
対数関数の特徴…090
対数関数を含む方程式, 不等式…091
対数関数の最大・最小…092
常用対数…093
微分係数…095
導関数…096
導関数の計算…097
接線の方程式…099
関数の増減と導関数…100
関数の極大・極小…101
関数の最大・最小…103
方程式, 不等式への応用…104
不定積分…105
定積分…107
定積分と面積①…109
定積分と面積②…111

数学B　MATHEMATICS B
等差数列…113
等差数列の和…115
等比数列…117
等比数列の和…118
和の記号 Σ…119
階差数列…121
数列の和と一般項…122

いろいろな数列の和…123
漸化式…125
数学的帰納法…127
確率変数と確率分布…129
確率変数の期待値…130
確率変数の分散と標準偏差…131
$aX+b$の期待値, 分散, 標準偏差…132
確率変数の和…133
確率変数の積…134
二項分布…135
正規分布…136
標本平均の分布…137
推定…138
仮説検定…139
数学と社会生活…141

解答…143

協力　コクヨ株式会社
編集協力　(有)アズ, (株)オルタナプロ, (株)シー・キューブ, (株)ダブルウィング, (株)メビウス, 竹田直, 萩野径彦, 林千珠子
カバー・本文デザイン　LYCANTHROPE Design Lab.［ 武本勝利, 峠之内綾 ］
DTP　(株)四国写研
図版　(有)アズ

A LOOSE-LEAF COLLECTION FOR A COMPLETE REVIEW OF MATHEMATICS

# 時 間 割

学校の時間割や塾の予定などを書き込みましょう。

| | | 月 | 火 | 水 | 木 | 金 | 土 |
|---|---|---|---|---|---|---|---|
| 登校前 | | | | | | | |
| 1 | | | | | | | |
| 2 | | | | | | | |
| 3 | | | | | | | |
| 4 | | | | | | | |
| 5 | | | | | | | |
| 6 | | | | | | | |
| 放課後 | 夕食前 | | | | | | |
| | 夕食後 | | | | | | |

# 年間予定表

定期テストや学校行事などのほか、個人的な予定も書き込んでみましょう。

| | |
|---|---|
| 4月 | |
| 5月 | |
| 6月 | |
| 7月 | |
| 8月 | |
| 9月 | |
| 10月 | |
| 11月 | |
| 12月 | |
| 1月 | |
| 2月 | |
| 3月 | |

## 1年間の目標　主に勉強に関する目標を立てましょう。

# 数学II 数量編の超キホン事項

## 式の計算

### 3次式の展開と因数分解

→→→ 展開 →→→

❶ $(a+b)^3=a^3+3a^2b+3ab^2+b^3$

❷ $(a-b)^3=a^3-3a^2b+3ab^2-b^3$

❸ $(a+b)(a^2-ab+b^2)=a^3+b^3$

❹ $(a-b)(a^2+ab+b^2)=a^3-b^3$

←←← 因数分解 ←←←

### 分数式

$$\frac{A}{B}=\frac{AC}{BC} \quad (C\neq 0) \quad \frac{AD}{BD}=\frac{A}{B}$$

乗法・除法 $\dfrac{A}{B}\times\dfrac{C}{D}=\dfrac{AC}{BD}$　$\dfrac{A}{B}\div\dfrac{C}{D}=\dfrac{A}{B}\times\dfrac{D}{C}=\dfrac{AD}{BC}$

加法・減法 $\dfrac{A}{C}+\dfrac{B}{C}=\dfrac{A+B}{C}$　$\dfrac{A}{C}-\dfrac{B}{C}=\dfrac{A-B}{C}$

### 二項定理

$$(a+b)^n={}_nC_0a^n+{}_nC_1a^{n-1}b+{}_nC_2a^{n-2}b^2+\cdots\cdots+{}_nC_ra^{n-r}b^r+\cdots\cdots+{}_nC_nb^n$$

$(a+b)^n$ の展開式の項
$${}_nC_{\square}a^{\bigcirc}b^{\square}$$
$$\bigcirc+\square=n$$

$(a+b+c)^n$ の展開式における $a^pb^qc^r$ の項の係数は $\dfrac{n!}{p!q!r!}$

（ただし，$p+q+r=n$）

### 多項式の割り算

多項式 $A$ を多項式 $B$ で割ったときの商を $Q$，余りを $R$ とするとき，右の等式が成り立つ。

特に，$R=0$，すなわち $A=BQ$ のとき，$A$ は $B$ で割り切れるという。

$$A\ =\ B\ Q\ +\ R$$
　　割られる式　割る式　商　　余り
（$R$は$0$か，$B$より次数の低い多項式）

### 恒等式の性質

❶ $ax^2+bx+c=a'x^2+b'x+c'$ が $x$ についての恒等式である $\Longleftrightarrow a=a',\ b=b',\ c=c'$

└→ 文字を含む等式で，その文字にどのような値を代入しても
等式が常に成り立つとき，その等式を恒等式という

❷ $ax^2+bx+c=0$ が $x$ についての恒等式である $\Longleftrightarrow a=b=c=0$

## 式の証明

### 実数の大小関係

❶ $a>b,\ b>c \Longrightarrow a>c$

❷ $a>b \Longrightarrow a+c>b+c,\ a-c>b-c$

❸ $a>b,\ c>0 \Longrightarrow ac>bc,\ \dfrac{a}{c}>\dfrac{b}{c}$

❹ $a>b,\ c<0 \Longrightarrow ac<bc,\ \dfrac{a}{c}<\dfrac{b}{c}$
　　　　　　　　　└┴┘
　　　　　不等号の向きが変わる

### 平方の大小関係

$a>0,\ b>0$ のとき，

$a^2>b^2 \Longleftrightarrow a>b$　　$a^2\geqq b^2 \Longleftrightarrow a\geqq b$

### 相加平均と相乗平均の大小関係

$a>0,\ b>0$ のとき，$\dfrac{a+b}{2}\geqq\sqrt{ab}$

等号が成り立つのは，$a=b$ のとき

\ いつでもチェック！重要シート /

# 数学Ⅱ 数量編の超キホン事項

## 複素数

### 複素数の計算

> 2乗して $-1$ になる数を文字 $i$ で表し，$i^2=-1$ とする。$i$ と 2 つの実数 $a$，$b$ を用いて，$a+bi$ の形で表される数を複素数という。

加法　$(a+bi)+(c+di)=(a+c)+(b+d)i$

減法　$(a+bi)-(c+di)=(a-c)+(b-d)i$

乗法　$(a+bi)(c+di)=ac+adi+bci+bdi^2=(ac-bd)+(ad+bc)i$

除法　$\dfrac{a+bi}{c+di}=\dfrac{(a+bi)(c-di)}{(c+di)(c-di)}=\dfrac{ac-adi+bci-bdi^2}{c^2-d^2i^2}=\dfrac{ac+bd}{c^2+d^2}+\dfrac{bc-ad}{c^2+d^2}i$

## 2次方程式の解

### 2次方程式 $x^2=k$ の解

複素数の範囲では，2 次方程式 $x^2=k$ は常に解をもち，その解は，$x=\pm\sqrt{k}$

### 2次方程式の解の公式

2 次方程式 $ax^2+bx+c=0$ の解は，$x=\dfrac{-b\pm\sqrt{b^2-4ac}}{2a}$

### 2次方程式の解の種類の判別

2 次方程式 $ax^2+bx+c=0$ の判別式を $D=b^2-4ac$ とすると，

$D>0 \iff$ 異なる 2 つの実数解

$D=0 \iff$ 重解（実数解）

$D<0 \iff$ 異なる 2 つの虚数解

### 解と係数の関係

2 次方程式 $ax^2+bx+c=0$ の 2 つの解を $\alpha$，$\beta$ とすると，

和　$\alpha+\beta=-\dfrac{b}{a}$　　積　$\alpha\beta=\dfrac{c}{a}$

2 次方程式 $ax^2+bx+c=0$ が 2 つの解 $\alpha$，$\beta$ をもつとき，$ax^2+bx+c=a(x-\alpha)(x-\beta)$

2 数 $\alpha$，$\beta$ を解とする 2 次方程式の 1 つは，$x^2-(\alpha+\beta)x+\alpha\beta=0$

## 高次方程式

### 剰余の定理

多項式 $P(x)$ を 1 次式 $x-k$ で割った余りは，$P(k)$ に等しい。

| 割る式の次数 | 余り | 余りの表し方 |
|---|---|---|
| 1 次式 | 定数 | $R$ |
| 2 次式 | 1 次以下の多項式 | $ax+b$ |
| 3 次式 | 2 次以下の多項式 | $ax^2+bx+c$ |

### 因数定理

多項式 $P(x)$ が 1 次式 $x-k$ を因数にもつ $\iff P(k)=0$

> $x^3-2x^2-x+2$ の因数分解
>
> $$\begin{array}{r} x^2-3x+2 \\ x+1 \overline{)\ x^3-2x^2-\ x+2} \\ \underline{x^3+\ x^2} \\ -3x^2-\ x \\ \underline{-3x^2-3x} \\ 2x+2 \\ \underline{2x+2} \\ 0 \end{array}$$
>
> $x^3-2x^2-x+2=(x+1)(x^2-3x+2)$
> $\qquad\qquad\qquad =(x+1)(x-1)(x-2)$

# 数学Ⅱ 関数編の超キホン事項

## 三角関数

### 度数法と弧度法

$$1° = \frac{\pi}{180} \text{ ラジアン}$$

$$1 \text{ ラジアン} = \frac{180°}{\pi}$$

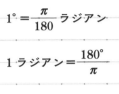

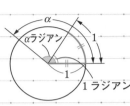

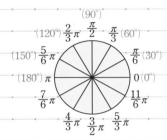

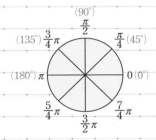

### 三角関数

$$\sin\theta = \frac{y}{r}, \quad \cos\theta = \frac{x}{r}, \quad \tan\theta = \frac{y}{x}$$

$\sin\theta$, $\cos\theta$, $\tan\theta$ を $\theta$ の三角関数という。

> 三角関数の値の範囲
> $-1 \leqq \sin\theta \leqq 1$
> $-1 \leqq \cos\theta \leqq 1$
> $\tan\theta$ の値の範囲は実数全体

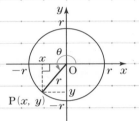

❶ $\tan\theta = \dfrac{\sin\theta}{\cos\theta}$　　❷ $\sin^2\theta + \cos^2\theta = 1$　　❸ $1 + \tan^2\theta = \dfrac{1}{\cos^2\theta}$

### 三角関数のグラフ

**$y = \sin\theta$ のグラフ**

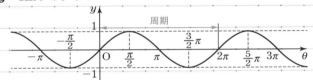

| 周期 | $2\pi$ |
|---|---|
| 値域 | $-1 \leqq y \leqq 1$ |
| グラフの対称性 | 原点に関して対称 |

**$y = \cos\theta$ のグラフ**

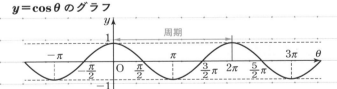

| 周期 | $2\pi$ |
|---|---|
| 値域 | $-1 \leqq y \leqq 1$ |
| グラフの対称性 | $y$ 軸に関して対称 |

**$y = \tan\theta$ のグラフ**

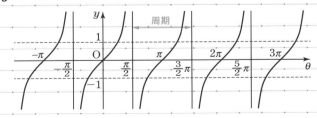

| 周期 | $\pi$ |
|---|---|
| 値域 | 実数全体 |
| グラフの対称性 | 原点に関して対称 |

\ いつでもチェック！重要シート /

# 数学Ⅱ 関数編の超キホン事項

## 加法定理

### 正弦・余弦・正接の加法定理

❶ $\sin(\alpha+\beta)=\sin\alpha\cos\beta+\cos\alpha\sin\beta$

❷ $\sin(\alpha-\beta)=\sin\alpha\cos\beta-\cos\alpha\sin\beta$

❸ $\cos(\alpha+\beta)=\cos\alpha\cos\beta-\sin\alpha\sin\beta$

❹ $\cos(\alpha-\beta)=\cos\alpha\cos\beta+\sin\alpha\sin\beta$

❺ $\tan(\alpha+\beta)=\dfrac{\tan\alpha+\tan\beta}{1-\tan\alpha\tan\beta}$

❻ $\tan(\alpha-\beta)=\dfrac{\tan\alpha-\tan\beta}{1+\tan\alpha\tan\beta}$

### 正弦・余弦・正接の2倍角の公式

❶ $\sin2\alpha=2\sin\alpha\cos\alpha$

❷ $\cos2\alpha=\cos^2\alpha-\sin^2\alpha=1-2\sin^2\alpha=2\cos^2\alpha-1$

❸ $\tan2\alpha=\dfrac{2\tan\alpha}{1-\tan^2\alpha}$

### 正弦・余弦・正接の半角の公式

❶ $\sin^2\dfrac{\alpha}{2}=\dfrac{1-\cos\alpha}{2}$    ❷ $\cos^2\dfrac{\alpha}{2}=\dfrac{1+\cos\alpha}{2}$

❸ $\tan^2\dfrac{\alpha}{2}=\dfrac{1-\cos\alpha}{1+\cos\alpha}$

## 指数関数

### 指数法則

$a>0,\ b>0$ で，$r,\ s$ は有理数とする。

❶ $a^r\times a^s=a^{r+s}$    ❷ $\dfrac{a^r}{a^s}=a^{r-s}$

❸ $(a^r)^s=a^{rs}$    ❹ $(ab)^r=a^rb^r$

### 指数関数 $y=a^x$ のグラフ  点 $(0, 1)$，$(1, a)$ を通る。$x$ 軸が漸近線

$a>1$          $0<a<1$

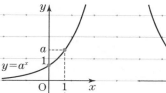
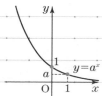

## 対数関数

### 指数と対数

$a>0,\ a\neq1$ で，$M>0$ のとき，

$M=a^p \Longleftrightarrow \log_a M=p$

$M=a^p$ のとき，$\log_a a^p=p$

### 対数の性質

$a>0,\ a\neq1,\ M>0,\ N>0$ で，

$k$ は実数とする。

❶ $\log_a MN=\log_a M+\log_a N$

❷ $\log_a\dfrac{M}{N}=\log_a M-\log_a N$

❸ $\log_a M^k=k\log_a M$

### 対数関数 $y=\log_a x$ のグラフ  点 $(1, 0)$，$(a, 1)$ を通る。$y$ 軸が漸近線

$a>1$          $0<a<1$

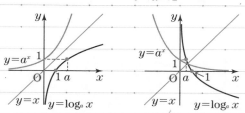

$y=\log_a x$ のグラフは，
$y=a^x$ のグラフと
直線 $y=x$ に関して対称。

# 数学II 図形編の超キホン事項

## 点と直線

### 座標平面上の点

原点 $O(0, 0)$, $A(x_1, y_1)$, $B(x_2, y_2)$, 直線 $\ell$ を $ax+by+c=0$ とすると，

| 原点と点 A の距離 | 2 点 A, B 間の距離 | 原点と直線 $\ell$ の距離 $d$ | 点 A と直線 $\ell$ の距離 $d$ |
|---|---|---|---|
| $OA=\sqrt{x_1{}^2+y_1{}^2}$ | $AB=\sqrt{(x_2-x_1)^2+(y_2-y_1)^2}$ | $d=\dfrac{\lvert c\rvert}{\sqrt{a^2+b^2}}$ | $d=\dfrac{\lvert ax_1+by_1+c\rvert}{\sqrt{a^2+b^2}}$ |

$A(x_1, y_1)$, $B(x_2, y_2)$, $C(x_3, y_3)$ とすると，

| 線分 AB を $m:n$ に内分する点の座標 | 線分 AB を $m:n$ に外分する点の座標 | △ABC の重心の座標 |
|---|---|---|
| $\left(\dfrac{nx_1+mx_2}{m+n}, \dfrac{ny_1+my_2}{m+n}\right)$ | $\left(\dfrac{-nx_1+mx_2}{m-n}, \dfrac{-ny_1+my_2}{m-n}\right)$ | $\left(\dfrac{x_1+x_2+x_3}{3}, \dfrac{y_1+y_2+y_3}{3}\right)$ |

### 直線の方程式

$A(x_1, y_1)$, $B(x_2, y_2)$ とすると，

| 点 A を通り，傾きが $m$ の直線 | $y-y_1=m(x-x_1)$ |
|---|---|
| 2 点 A, B を通る直線 | $x_1 \neq x_2$ のとき, $y-y_1=\dfrac{y_2-y_1}{x_2-x_1}(x-x_1)$<br>$x_1=x_2$ のとき, $x=x_1$ ← $x$ 軸に垂直な直線 |

### 2 直線の平行・垂直

2 直線 $y=m_1x+k_1$, $y=m_2x+k_2$ について，

2 直線が平行 $\Longleftrightarrow m_1=m_2$

2 直線が垂直 $\Longleftrightarrow m_1m_2=-1$

## 円

### 円の方程式

| 原点を中心とする半径 $r$ の円 | 点 $(a, b)$ を中心とする半径 $r$ の円 | 一般形（$l$, $m$, $n$ は定数） |
|---|---|---|
| $x^2+y^2=r^2$ | $(x-a)^2+(y-b)^2=r^2$ | $x^2+y^2+lx+my+n=0$ |

### 円の接線

円 $x^2+y^2=r^2$ 上の点 $P(p, q)$ における接線の方程式は，$px+qy=r^2$

### 円と直線の位置関係

円の方程式と直線の方程式から $y$ を消去して得られる $x$ の 2 次方程式を $ax^2+bx+c=0$ とする。

円の半径を $r$, 円の中心と直線の距離を $d$ とする。

| 判別式 $D$ の符号 | $D>0$ | $D=0$ | $D<0$ |
|---|---|---|---|
| $ax^2+bx+c=0$ の実数解 | 異なる 2 つの実数解 | 重解（1 つの実数解） | 実数解をもたない |
| 円と直線の位置関係 | 異なる 2 点で交わる | 接する | 共有点をもたない |
| $d$ と $r$ の大小 | $d<r$ | $d=r$ | $d>r$ |
| 共有点の個数 | 2 個 | 1 個 | 0 個 |

\ いつでもチェック！重要シート /

# 数学Ⅱ 微分・積分編の超キホン事項

## 微分法

### 微分係数

関数 $y=f(x)$ の $x=a$ における微分係数

$$f'(a)=\lim_{h\to 0}\frac{f(a+h)-f(a)}{h}$$

### 接線の方程式

関数 $y=f(x)$ のグラフ上の点 $(a,\ f(a))$ に

おける接線の方程式は，

$$y-f(a)=f'(a)(x-a)$$

└► 接線の傾きは微分係数 $f'(a)$ に等しい

### 導関数

$$f'(x)=\lim_{h\to 0}\frac{f(x+h)-f(x)}{h}$$

関数 $x^n$ の導関数は，$(x^n)'=nx^{n-1}$（$n$ は正の整数）

定数関数 $c$ の導関数は，$(c)'=0$

### 導関数の計算

❶ $y=kf(x)$ を微分→ $y'=kf'(x)$

❷ $y=f(x)+g(x)$ を微分→ $y'=f'(x)+g'(x)$

❸ $y=f(x)-g(x)$ を微分→ $y'=f'(x)-g'(x)$

### 関数の増減と極大・極小

関数 $f(x)$ の増減は，

$f'(x)>0$ となる $x$ の値の範囲では増加。

$f'(x)<0$ となる $x$ の値の範囲では減少。

$f'(x)=0$ となる $x$ の値の範囲では，$f(x)$ は一定の値。

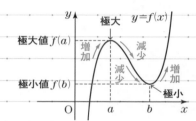

## 積分法

### 不定積分

$F'(x)=f(x)$ のとき，$\displaystyle\int f(x)\,dx=F(x)+C$　（$C$ は積分定数）

$n$ が $0$ または正の整数のとき，$\displaystyle\int x^n\,dx=\frac{1}{n+1}x^{n+1}+C$　（$C$ は積分定数）

### 定積分とその性質

$F'(x)=f(x)$ のとき，$\displaystyle\int_a^b f(x)\,dx=\Big[F(x)\Big]_a^b=F(b)-F(a)$

❶ $\displaystyle\int_a^a f(x)\,dx=0$　　　❷ $\displaystyle\int_b^a f(x)\,dx=-\int_a^b f(x)\,dx$　　　❸ $\displaystyle\int_a^b f(x)\,dx=\int_a^c f(x)\,dx+\int_c^b f(x)\,dx$

### 定積分と面積

$a\leqq x\leqq b$ の範囲で，$f(x)\geqq g(x)$ のとき，$y=f(x)$ と $y=g(x)$ の

グラフと $2$ 直線 $x=a$，$x=b$ で囲まれた部分の面積 $S$ は，

$$S=\int_a^b\{f(x)-g(x)\}\,dx$$

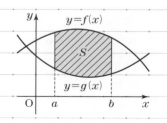

# 数学B 数量編の超キホン事項

## 数列

### 等差数列と等比数列

| | 初項 $a$, 公差 $d$ の等差数列 $\{a_n\}$ | 初項 $a$, 公比 $r$ の等比数列 $\{a_n\}$ |
|---|---|---|
| 一般項 | $a_n = a + (n-1)d$ | $a_n = ar^{n-1}$ |
| 和 $S_n$ | $S_n = \dfrac{1}{2}n(a+l)$ （$l$ は末項） | $r \neq 1$ のとき, $S_n = \dfrac{a(1-r^n)}{1-r} = \dfrac{a(r^n-1)}{r-1}$ |
| | $S_n = \dfrac{1}{2}n\{2a + (n-1)d\}$ | $r = 1$ のとき, $S_n = na$ |

### 数列の和の公式

❶ $\displaystyle\sum_{k=1}^{n} c = nc$ ←同じ数の和

❷ $\displaystyle\sum_{k=1}^{n} k = \dfrac{1}{2}n(n+1)$ ←自然数の和

❸ $\displaystyle\sum_{k=1}^{n} k^2 = \dfrac{1}{6}n(n+1)(2n+1)$ ←自然数の2乗の和

❹ $\displaystyle\sum_{k=1}^{n} k^3 = \left\{\dfrac{1}{2}n(n+1)\right\}^2$ ←自然数の3乗の和

### 記号 $\sum$ の性質

❶ $\displaystyle\sum_{k=1}^{n}(a_k + b_k) = \sum_{k=1}^{n} a_k + \sum_{k=1}^{n} b_k$

$\displaystyle\sum_{k=1}^{n}(a_k - b_k) = \sum_{k=1}^{n} a_k - \sum_{k=1}^{n} b_k$

❷ $\displaystyle\sum_{k=1}^{n} pa_k = p\sum_{k=1}^{n} a_k$ （$p$ は $k$ に無関係な定数）

### 階差数列

数列 $\{a_n\}$ の階差数列を $\{b_n\}$ とすると, $n \geqq 2$ のとき, $a_n = a_1 + \displaystyle\sum_{k=1}^{n-1} b_k$

### 数列の和と一般項

数列 $\{a_n\}$ の初項 $a_1$ から第 $n$ 項 $a_n$ までの和を $S_n$ とすると, $\begin{cases} 初項 \ a_1 \ は, \ a_1 = S_1 \\ n \geqq 2 \ のとき, \ a_n = S_n - S_{n-1} \end{cases}$

## 漸化式

### 数列の漸化式

数列 $\{a_n\}$ は，初項 $a_1$ と，<u>$a_n$ から $a_{n+1}$ を決める関係式</u>の2つの条件によって，すべての項を定めることができる。
└→漸化式

### 数学的帰納法

自然数 $n$ に関する命題が，すべての自然数 $n$ について成り立つことを証明するには，次の [1]，[2] を証明すればよい。

[1] $n = 1$ のとき，この命題が成り立つ。

[2] $n = k$ のときこの命題が成り立つと仮定すると，$n = k+1$ のときにもこの命題が成り立つ。

# 数学B 統計的な推測編の超キホン事項

## 確率分布

### 期待値・分散・標準偏差

期待値　$E(X) = x_1 p_1 + x_2 p_2 + \cdots\cdots + x_n p_n = \sum_{k=1}^{n} x_k p_k$　←$X$ の期待値を $X$ の平均ともいう

分散　$V(X) = (x_1 - m)^2 p_1 + (x_2 - m)^2 p_2 + \cdots\cdots + (x_n - m)^2 p_n = E((X - m)^2) = \sum_{k=1}^{n} (x_k - m)^2 p_k$

$\qquad V(X) = E(X^2) - \{E(X)\}^2$

標準偏差　$\sigma(X) = \sqrt{V(X)}$

### $aX+b$ の期待値・分散・標準偏差

$X$ を確率変数，$a$，$b$ を定数とするとき，

$E(aX+b) = aE(X) + b \qquad V(aX+b) = a^2 V(X) \qquad \sigma(aX+b) = |a| \sigma(X)$

### 確率変数の和と積

2 つの確率変数 $X$，$Y$ について，$E(X+Y) = E(X) + E(Y)$

2 つの確率変数 $X$，$Y$ が互いに独立であるとき，$V(X+Y) = V(X) + V(Y)$

2 つの確率変数 $X$，$Y$ が互いに独立であるとき，$E(XY) = E(X)E(Y)$

### 二項分布

確率変数 $X$ が二項分布 $B(n, p)$ に従うとき，

| 期待値 | 分散 | 標準偏差 |
|---|---|---|
| $E(X) = np$ | $V(X) = npq \quad (q = 1-p)$ | $\sigma(X) = \sqrt{npq}$ |

### 正規分布

確率変数 $X$ が正規分布 $N(m, \sigma^2)$ に従うとき，$X$ の分布曲線 $y = f(x)$ は，次のような性質をもつ。

❶直線 $x = m$ に関して対称で，$y$ は $x = m$ のとき最大値をとる。

❷$x$ 軸を漸近線とし，$x$ 軸と分布曲線の間の面積は 1 である。

❸標準偏差 $\sigma$ が大きくなるほど，曲線の山は低くなり横に広がり，

$\sigma$ が小さくなるほど，曲線の山は高くなり直線 $x = m$ の周り

に集まる。

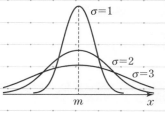

### 推定

母平均の推定　母標準偏差を $\sigma$ とする。標本の大きさ $n$ が大きいとき，母平均 $m$ に対する信頼度95%

の信頼区間は，$\left[ \overline{X} - 1.96 \cdot \dfrac{\sigma}{\sqrt{n}}, \ \overline{X} + 1.96 \cdot \dfrac{\sigma}{\sqrt{n}} \right]$

母比率の推定　標本の大きさ $n$ が大きいとき，標本比率を $R$ とすると，母比率 $p$ に対する信頼度95%

の信頼区間は，$\left[ R - 1.96 \cdot \sqrt{\dfrac{R(1-R)}{n}}, \ R + 1.96 \cdot \sqrt{\dfrac{R(1-R)}{n}} \right]$

No.

数II
MATHEMATICS II

Date.
THE LOOSE-LEAF STUDY GUIDE
FOR HIGH SCHOOL STUDENTS

# THEME 3 次式の展開と因数分解

## 公式 CHECK

**展開の公式**

❶ $(a+b)^3 = a^3 + 3a^2b + 3ab^2 + b^3$

❷ $(a-b)^3 = a^3 - 3a^2b + 3ab^2 - b^3$

❸ $(a+b)(a^2-ab+b^2) = a^3 + b^3$

❹ $(a-b)(a^2+ab+b^2) = a^3 - b^3$

**因数分解の公式**

❶ $a^3 + b^3 = (a+b)(a^2-ab+b^2)$

❷ $a^3 - b^3 = (a-b)(a^2+ab+b^2)$

## 展開の公式❶の導き方

$(a+b)^3 = (a+b)^2(a+b)$

$\qquad = (\underline{\phantom{01}}\hspace{3em})(a+b)$

$\qquad = (a^2+2ab+b^2)a + (a^2+2ab+b^2)b$

$\qquad = a^3 + 2a^2b + ab^2 + a^2b + 2ab^2 + b^3$

$\qquad = \underline{02}$

> 展開の公式❶で，$b$ を $-b$ でおきかえると，
> $\{a+(-b)\}^3 = a^3 + 3a^2(-b) + 3a(-b)^2 + (-b)^3$
> $\qquad (a-b)^3 = a^3 - 3a^2b + 3ab^2 - b^3$
> と展開の公式❷を導くことができる。

## 3次式の展開

次の式を展開しなさい。

**1** $(x+4)^3 = x^3 + 3 \cdot x^2 \cdot 4 + 3 \cdot x \cdot 4^2 + 4^3 = \underline{03}$　　　　　　$\leftarrow (a+b)^3 = a^3 + 3a^2b + 3ab^2 + b^3$

　　　　└→ 記号「・」は「×」と同じで積を表す記号

**2** $(2a-3b)^3 = (2a)^3 - 3 \cdot (2a)^2 \cdot 3b + 3 \cdot 2a \cdot (3b)^2 - (3b)^3$　　　　$\leftarrow (a-b)^3 = a^3 - 3a^2b + 3ab^2 - b^3$

$\qquad = \underline{04}$

**3** $(x+5)(x^2-5x+25) = (x+5)(x^2 - x \cdot 5 + 5^2) = x^3 + 5^3 = \underline{05}$　　　$\leftarrow (a+b)(a^2-ab+b^2) = a^3+b^3$

## 3次式の因数分解

次の式を因数分解しなさい。

**1** $x^3 + 27 = x^3 + 3^3 = (x+3)(x^2 - x \cdot 3 + 3^2) = \underline{06}$

**2** $a^6 - 64 = (a^3)^2 - 8^2$

$\qquad = (\underline{07}\hspace{2em})(\underline{08}\hspace{3em}) \leftarrow a^2-b^2 = (a+b)(a-b)$

$\qquad = (\underline{09}\hspace{2em})(a^2 - a \cdot 2 + 2^2)(\underline{10}\hspace{2em})(a^2 + a \cdot 2 + 2^2) \leftarrow \begin{array}{l} a^3+b^3 = (a+b)(a^2-ab+b^2) \\ a^3-b^3 = (a-b)(a^2+ab+b^2) \end{array}$

$\qquad = (a+2)(a-2)(a^2-2a+4)(a^2+2a+4)$

公式 CHECK

二項定理

$$(a+b)^n = {}_nC_0a^n + {}_nC_1a^{n-1}b + {}_nC_2a^{n-2}b^2 + \cdots\cdots + {}_nC_ra^{n-r}b^r + \cdots\cdots + {}_nC_{n-1}ab^{n-1} + {}_nC_nb^n$$

${}_nC_ra^{n-r}b^r$ を，$(a+b)^n$ の展開式の一般項といい，係数 ${}_nC_r$ を二項係数という。

## パスカルの三角形

パスカルの三角形をかいて，次の式の展開式を求めなさい。

$(a+b)^1$      1    1

$(a+b)^2$    1   2   1

$(a+b)^3$   1   3   3   1

$(a+b)^4$   1   01   02   03   1

$(a+b)^5$   1   04   05   06   07   1

❶ 数の配列は左右対称で，各行の両端の数は 1 である。
❷ 2 行目以降の両端以外の数は，左上と右上の数の和に等しい。

**1**   $(a+b)^4 =$ 08

**2**   $(a+b)^5 =$ 09

## 二項定理

● $(x+3)^5$ の展開式を求めなさい。

$$(x+3)^5 = {}_5C_0x^5 + {}_5C_1x^4\cdot3 + {}_5C_2x^3\cdot3^2 + {}_5C_3x^2\cdot3^3 + {}_5C_4x\cdot3^4 + {}_5C_5\cdot3^5 \quad \leftarrow {}_nC_0=1,\ {}_nC_n=1 \quad 注意$$

$$= 1\cdot x^5 + 5\cdot x^4\cdot3 + 10\cdot x^3\cdot9 + 10\cdot x^2\cdot27 + 5\cdot x\cdot81 + 1\cdot243$$

$$= 10$$

## $(a+b+c)^n$ の展開式

$(a+b+c)^7$ の展開式における次の項の係数を求めなさい。

重要

$(a+b+c)^n$ の展開式における $a^pb^qc^r$ の項の係数は $\dfrac{n!}{p!q!r!}$
ただし，$p+q+r=n$

**1**   $a^2b^3c^2$

$$\frac{7!}{2!\,3!\,2!} = 11 \qquad \leftarrow p=2,\ q=3,\ r=2$$

**2**   $a^4b^3$

$$\frac{7!}{4!\,3!\,0!} = 12 \qquad \leftarrow p=4,\ q=3,\ r=0$$
$$0!=1$$

No.

Date

数 II

MATHEMATICS II

THE LOOSE-LEAF STUDY GUIDE
FOR HIGH SCHOOL STUDENTS

**THEME** 多項式の割り算

## 公式 CHECK

多項式 $A$ を多項式 $B$ で割った商を $Q$，余りを $R$ とすると，次の等式が成り立つ。

$$A \;=\; B \; Q + R \quad (R \text{ は } 0 \text{ か，} B \text{ より次数の低い多項式})$$

割られる式　割る式　商　余り

特に，$R=0$，すなわち $A=BQ$ のとき，$A$ は $B$ で割り切れるという。

## 多項式の割り算

● 多項式 $A=3x^3+2x^2+20$ を多項式 $B=x+2$ で割った商と余りを求めなさい。

$$
\begin{array}{r}
3x^2- \underline{\phantom{01}} \\
x+2 \overline{\smash{)}\; 3x^3+2x^2\phantom{00}+20} \\
3x^3+6x^2 \\
\hline
-4x^2
\end{array}
$$

←多項式 $A$ には $x$ の項がないので，その場所は空けておく

← $(x+2)\times 3x^2$

$\underline{\phantom{0000000002000000}}$ ← $(x+2)\times(-4x)$

$\qquad\qquad 8x+20$

$\underline{\phantom{000000003000}}$ ← $(x+2)\times 8$

$\qquad\qquad \underline{\phantom{0000004000}}$ ←次数が割る式 $x+2$ よりも低いので，これ以上計算できない

注意 多項式 $A$，$B$ が降べきの順になっていないときは，降べきの順に整理してから，割り算を行う。

よって，商 05 _____ ，余り 06 _____

## 割られる式，割る式の求め方

次の条件を満たす多項式 $A$，$B$ を求めなさい。

**❶** $A$ を $x+5$ で割ると，商が $x-1$，余りが $8$

$$\underline{A} = (\underline{\phantom{07}})(\underline{\phantom{08}}) + \underline{\phantom{09}} \qquad \boxed{A=BQ+R}$$

割られる式　　割る式　　　　商　　　　余り

$$= x^2+4x-5+8$$
$$= x^2+4x+3$$

**❷** $2x^3-7x^2+6x-8$ を $B$ で割ると，商が $x-3$，余りが $-2x+7$

$$\underline{2x^3-7x^2+6x-8} = B \times (\underline{\phantom{10}})\; \underline{\phantom{11}}$$

割られる式　　　　　割る式　　商　　　　余り

移項して整理すると，$2x^3-7x^2+8x-15 = B\times(x-3)$

よって，$B=(2x^3-7x^2+8x-15)\div(x-3)= \underline{\phantom{12}}$

$$
\begin{array}{r}
2x^2-x+5 \\
x-3 \overline{\smash{)}\; 2x^3-7x^2+8x-15} \\
2x^3-6x^2 \\
\hline
-\;x^2+8x \\
-\;x^2+3x \\
\hline
5x-15 \\
5x-15 \\
\hline
0
\end{array}
$$

## 性質 CHECK

### 恒等式の性質

❶ $ax^2+bx+c=a'x^2+b'x+c'$ が $x$ についての恒等式である $\Longleftrightarrow$ $a=a'$, $b=b'$, $c=c'$

❷ $ax^2+bx+c=0$ が $x$ についての恒等式である $\Longleftrightarrow$ $a=b=c=0$

## 恒等式

次の等式は，恒等式であるか恒等式でないか答えなさい。

**1** $\underline{(x-2)^3=x^3-6x^2+12x-8}$
$\qquad$ $(a-b)^3=a^3-3a^2b+3ab^2-b^3$

> 重要 文字を含む等式で，その文字に
> どのような値を代入しても等式
> が常に成り立つとき，その等式
> を恒等式という。

この等式は，左辺を展開すると右辺になるから，

恒等式で 01 _____ 。

**2** $(x-1)(x-4)=x-5$

この等式は，$x=3$ のときに限り成り立つから，

恒等式で 02 _____ 。

> 特別な値を代入すると成り立つ
> 等式を，方程式という。

## 恒等式の性質

●等式 $3x^2+5x-4=a(x+2)^2+b(x+2)+c$ が $x$ についての恒等式となるように，定数 $a$, $b$, $c$ の値を定めなさい。

**手順1** 右辺を $x$ について整理する。

$a(x+2)^2+b(x+2)+c=a(x^2+4x+4)+b(x+2)+c$

$\qquad\qquad\qquad\qquad =ax^2+4ax+4a+bx+2b+c$

$\qquad\qquad\qquad\qquad =ax^2+($ 03 _____ $)x+($ 04 _____ $)$ ← $x$ について，降べき
$\qquad\qquad\qquad\qquad\qquad\qquad\qquad\qquad\qquad\qquad\qquad\qquad$ の順に整理する

**手順2** 両辺の 同じ次数の項 の係数を比較する。

$\begin{cases} a= \text{05} \underline{\phantom{xxxx}} & \cdots\cdots ① \\ 4a+b= \text{06} \underline{\phantom{xxxx}} & \cdots\cdots ② \\ 4a+2b+c= \text{07} \underline{\phantom{xxxx}} & \cdots\cdots ③ \end{cases}$

$\begin{array}{ccc} 3x^2+ & 5 \; x+ & -4 \\ \downarrow① & \downarrow② & \downarrow③ \\ ax^2+(4a+b)x+ & (4a+2b+c) \end{array}$

**手順3** ①，②，③を連立方程式として解く。

$a=$ 08 _____ ,

$b=$ 09 _____ , ←②より，$4\times3+b=5$, $12+b=5$

$c=$ 10 _____ ←③より，$4\times3+2\times(-7)+c=-4$

No.

数 II

Date

MATHEMATICS II

THE LOOSE-LEAF STUDY GUIDE
FOR HIGH SCHOOL STUDENTS

THEME **分数式**

---

**解法 CHECK**

- $\dfrac{A}{B} = \dfrac{AC}{BC}$ $(C \neq 0)$   $\dfrac{AD}{BD} = \dfrac{A}{B}$

  分母と分子に 0 以外の同じ多項式を掛けても,
  分母と分子を共通因数で割っても,もとの式に等しい。

- ●分数式の乗法・除法 $\dfrac{A}{B} \times \dfrac{C}{D} = \dfrac{AC}{BD}$   $\dfrac{A}{B} \div \dfrac{C}{D} = \dfrac{A}{B} \times \dfrac{D}{C} = \dfrac{AD}{BC}$

- ●分数式の加法・減法 $\dfrac{A}{C} + \dfrac{B}{C} = \dfrac{A+B}{C}$   $\dfrac{A}{C} - \dfrac{B}{C} = \dfrac{A-B}{C}$

## 分数式の約分

**重要**

2つの多項式$A$,$B$($B$に文字を含む)によって,$\dfrac{A}{B}$ の形で表される式を**分数式**という。
分数式 $\dfrac{A}{B}$ において,$B$ を分母,$A$ を分子という。

次の分数式を約分しなさい。

**1** $\dfrac{15a^2b^2}{20ab^3} = \dfrac{5ab^2 \times \boxed{01}}{5ab^2 \times \boxed{02}} = \boxed{03}$

約分して得られた分数式のように,それ以上
約分できない分数式を**既約分数式**という。

**2** $\dfrac{4x^2-4x+1}{2x^2+3x-2} = \dfrac{\boxed{04}}{\boxed{05}} = \boxed{06}$

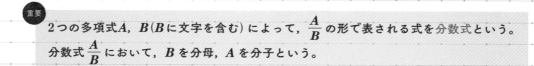

$\begin{array}{ccc} 1 & & -2 \longrightarrow -4 \\ 2 & & -1 \longrightarrow -1 \\ \hline 2 & & -2 \end{array}$ たすき掛けの計算より,
$2x^2+3x-2 = (x+2)(2x-1)$

## 分数式の乗法・除法

分数式の計算では,計算の結果は既約分数式または多項式の形にしておく。

**1** $\dfrac{x^2-3x}{x+2} \times \dfrac{2x+4}{x^2-9} = \dfrac{x(x-3)}{x+2} \cdot \dfrac{\boxed{07}}{\boxed{08}}$   $\dfrac{A}{B} \times \dfrac{C}{D} = \dfrac{AC}{BD}$

$= \boxed{09}$   ←既約分数式の形

**2** $\dfrac{x^2-x}{x-4} \div \dfrac{x^2+x}{x^2-3x-4} = \dfrac{x^2-x}{x-4} \times \dfrac{x^2-3x-4}{x^2+x}$   $\dfrac{A}{B} \div \dfrac{C}{D} = \dfrac{A}{B} \times \dfrac{D}{C} = \dfrac{AD}{BC}$

$= \dfrac{x(x-1)}{x-4} \times \dfrac{\boxed{10}}{\boxed{11}}$   ←分母と分子をそれぞれ因数分解する

約分

$= \boxed{12}$   ←多項式の形

No.
数 II
MATHEMATICS II

THE LOOSE-LEAF STUDY GUIDE
FOR HIGH SCHOOL STUDENTS

THEME 分数式

## 分数式の加法・減法

**1** $\dfrac{x^2}{x+2}+\dfrac{x-2}{x+2}$ 　　　　　**2** $\dfrac{x^2}{x-3}-\dfrac{9}{x-3}$

$=\dfrac{x^2+x-2}{x+2}$ 　$\boxed{\dfrac{A}{C}+\dfrac{B}{C}=\dfrac{A+B}{C}}$ 　　$=\dfrac{x^2-9}{x-3}$ 　$\boxed{\dfrac{A}{C}-\dfrac{B}{C}=\dfrac{A-B}{C}}$

$=\dfrac{\text{13}}{x+2}=\text{14}$ 　　　　　$=\dfrac{\text{15}}{x-3}=\text{16}$

## 分母が異なる分数式の加減

分母が異なる分数式の加法，減法は，通分して計算する。

$\dfrac{2x}{x^2-1}-\dfrac{1}{x^2-x}=\dfrac{2x}{(x+1)(x-1)}-\dfrac{1}{x(x-1)}$

$=\dfrac{\text{17}}{x(x+1)(x-1)}-\dfrac{\text{18}}{x(x+1)(x-1)}$ ←通分

$=\dfrac{2x^2-x-1}{x(x+1)(x-1)}$ ←分子の計算…$2x^2-(x+1)$

$=\dfrac{\text{19}}{x(x+1)(x-1)}$ ←分子を因数分解 　たすき掛けの計算より，$2x^2-x-1=(x-1)(2x+1)$

$=\text{20}$ ←約分

## 分数式の恒等式

● 等式 $\dfrac{x}{(x+2)(x+3)}=\dfrac{a}{x+3}+\dfrac{b}{x+2}$ が $x$ についての恒等式になるように，$a$，$b$ の値を定めなさい。

**手順1** 等式の両辺に $(x+2)(x+3)$ を掛けて分母をはらう。

$x=a(x+2)+b(x+3)$

**手順2** この等式の右辺を $x$ について整理する。

$x=(\text{21}\qquad)x+(\text{22}\qquad)$

**手順3** 両辺の同じ次数の項の係数を比較して，$a$，$b$ の値を定める。

$a+b=\text{23}$ ，$2a+3b=\text{24}$

これを解いて，$a=\text{25}$ ，$b=\text{26}$

No.

数 II

MATHEMATICS II

Date

THE LOOSE-LEAF STUDY GUIDE
FOR HIGH SCHOOL STUDENTS

## THEME 等式の証明

解法 CHECK

等式 $A=B$ の証明

❶「$A$ を変形して $B$ を導く」または「$B$ を変形して $A$ を導く」。

❷ $A$ と $B$ の両方を変形して，同じ式を導く。

❸ $A-B=0$ になることを示す。

### 恒 等 式 の 証 明

● 次の等式を証明しなさい。

$$(x^2-1)(y^2-1)=(xy+1)^2-(x+y)^2$$

❷ $A$ と $B$ の両方を変形して，同じ式を導く。

証明

左辺 $=(x^2-1)(y^2-1)=$ 01＿＿＿＿＿＿　　　　　　　← $(a+b)(c+d)=ac+ad+bc+bd$

右辺 $=(xy+1)^2-(x+y)^2=$ 02＿＿＿＿　　$-($ 03＿＿＿＿＿＿＿$)$　　← $(a+b)^2=a^2+2ab+b^2$

$\qquad\qquad\qquad\qquad =x^2y^2+2xy+1-x^2-2xy-y^2$

$\qquad\qquad\qquad\qquad =$ 04＿＿＿＿＿＿

よって，$(x^2-1)(y^2-1)=(xy+1)^2-(x+y)^2$

### 条 件 つ き 等 式 の 証 明

● $a+b+c=0$ のとき，次の等式を証明しなさい。

$$a^3+b^3+c^3-2abc=-(a+b)(b+c)(c+a)$$

❸ $A-B=0$ になることを示す。

証明

$a+b+c=0$ から，$c=-a-b$

左辺$-$右辺 $=a^3+b^3+c^3-2abc+(a+b)(b+c)(c+a)$

$\qquad\qquad =a^3+b^3+(-a-b)^3-2ab(-a-b)+(a+b)(b-a-b)(-a-b+a)$　←┐$c=-a-b$ を代入

$\qquad\qquad =a^3+b^3-(a+b)^3+2ab(a+b)+(a+b)\times a\times b$

$\qquad\qquad =a^3+b^3-($ 05＿＿＿＿＿＿＿$)+2a^2b+2ab^2+$ 06＿＿＿＿＿＿

$\qquad\qquad =a^3+b^3-a^3-3a^2b-3ab^2-b^3+3a^2b+3ab^2$

$\qquad\qquad =$ 07＿＿＿＿＿

よって，$a^3+b^3+c^3-2abc=-(a+b)(b+c)(c+a)$

## 比例式と式の値

重要

比 $a:b$ について，$\dfrac{a}{b}$ を比の値という。

$a:b=c:d$ や $\dfrac{a}{b}=\dfrac{c}{d}$ のように，

比 $a:b$ と $c:d$ が等しいことを表す式を
比例式という。

**1** $\dfrac{a}{b}=\dfrac{c}{d}=3$ のとき，$\dfrac{a^2-c^2}{b^2-d^2}$ の値を求めなさい。

$\dfrac{a}{b}=3$，$\dfrac{c}{d}=3$ より，$a=3b$，$c=3d$

$\dfrac{a^2-c^2}{b^2-d^2}=\dfrac{(3b)^2-(3d)^2}{b^2-d^2}=\dfrac{\underline{\quad08\quad}(b^2-d^2)}{b^2-d^2}=\underline{\quad09\quad}$

**2** $\dfrac{a+b}{5}=\dfrac{b+c}{4}=\dfrac{c+a}{3}\,(\neq0)$ のとき，$a:b:c$ を求めなさい。

$\dfrac{a+b}{5}=\dfrac{b+c}{4}=\dfrac{c+a}{3}=k$ とおくと，　←比例式を $k$ とおく

$a+b=5k$ ……①，$b+c=\underline{\quad10\quad}$ ……②，$c+a=\underline{\quad11\quad}$ ……③

①＋②＋③から，$(a+b)+(b+c)+(c+a)=5k+4k+3k$

$\qquad\qquad\qquad\qquad a+b+c=\underline{\quad12\quad}$ ……④　←$2(a+b+c)=12k$

④－①から，$c=k$，④－②から，$a=\underline{\quad13\quad}$，④－③から，$b=\underline{\quad14\quad}$

よって，$a:b:c=\underline{\quad15\quad}:\underline{\quad16\quad}:k=2:3:1$

$\dfrac{a}{x}=\dfrac{b}{y}=\dfrac{c}{z}$ のように，いくつかの比の値が
等しいとき，$a:b:c=x:y:z$ と表す。
この $a:b:c$ を，$a$，$b$，$c$ の連比という。

## 比例式と等式の証明

● $\dfrac{a}{b}=\dfrac{c}{d}$ のとき，次の等式を証明しなさい。

$\dfrac{a^2+c^2}{b^2+d^2}=\dfrac{ac}{bd}$

### 証明

$\dfrac{a}{b}=\dfrac{c}{d}=k$ とおくと，$a=\underline{\quad17\quad}$，$c=\underline{\quad18\quad}$

左辺 $=\dfrac{a^2+c^2}{b^2+d^2}=\dfrac{(\underline{\;19\;})^2+(\underline{\;20\;})^2}{b^2+d^2}=\dfrac{\underline{\;21\;}(b^2+d^2)}{b^2+d^2}=\underline{\;22\;}$

右辺 $=\dfrac{ac}{bd}=\dfrac{bk\times dk}{bd}=\dfrac{\underline{\;23\;}}{bd}=\underline{\;24\;}$

よって，$\dfrac{a^2+c^2}{b^2+d^2}=\dfrac{ac}{bd}$

No.

Date

数 II

MATHEMATICS II

THE LOOSE-LEAF STUDY GUIDE
FOR HIGH SCHOOL STUDENTS

# THEME 不等式の証明

## 性質 CHECK

不等式の基本性質

❶ $a>b$, $b>c \implies a>c$

❷ $a>b \implies a+c>b+c$, $a-c>b-c$

❸ $a>b$, $c>0 \implies ac>bc$, $\dfrac{a}{c}>\dfrac{b}{c}$

❹ $a>b$, $c<0 \implies ac<bc$, $\dfrac{a}{c}<\dfrac{b}{c}$

不等号の向きが変わる

2数の大小関係

$a>b \iff a-b>0 \qquad a<b \iff a-b<0$

## 不等式の基本性質

● $a>b$ かつ $c>d$ のとき，$a+c>b+d$ を証明しなさい。

### 証明

$a>b$ から，$a+c>$ 01 _____ ……① ←不等式の基本性質❷

$c>d$ から，$c+b>$ 02 _____ ……② ←不等式の基本性質❷

①，②より，$a+c>b+d$ ←不等式の基本性質❶

> $a>b$ かつ $c>d$ のとき，
> $a-c>b-d$ は成り立たない。
> 反例
> $a=3$, $b=2$, $c=4$, $d=1$

## 実数の大小関係

不等式 $A>B$ を証明するには，$A-B>0$ を示す。

**1** $x>y$ のとき，不等式 $5x+2y>4x+3y$ を証明しなさい。

### 証明

$(5x+2y)-(4x+3y)=5x+2y-4x-3y=$ 03 _____

$x>y$ より，04 _____ $>0$

これより，$(5x+2y)-(4x+3y)>$ 05 _____ $\quad$ < $A-B>0$ より，$A>B$

すなわち，$5x+2y>4x+3y$

**2** $x>-2$, $y>2$ のとき，不等式 $xy-4>2(x-y)$ を証明しなさい。

### 証明

$(xy-4)-2(x-y)=xy-4-2x+2y=$ 06 _____ →因数分解

$x>-2$ より，07 _____ $>0$, $y>2$ より，08 _____ $>0$

これより，$(x+2)(y-2)>$ 09 _____

よって，$(xy-4)-2(x-y)>0$

すなわち，$xy-4>2(x-y)$ < $A-B>0$ より，$A>B$

### 性質 CHECK

実数の平方の性質

❶実数 $a$ について，$a^2 \geqq 0$　　　等号が成り立つのは，$a=0$ のとき。

❷実数 $a$，$b$ について，$a^2+b^2 \geqq 0$　　　等号が成り立つのは，$a=b=0$ のとき。

平方の大小関係

$a>0$，$b>0$ のとき，$a^2>b^2 \iff a>b$　　　$a^2 \geqq b^2 \iff a \geqq b$

## 実数の平方

●次の不等式を証明しなさい。また，等号が成り立つときを調べなさい。

$$x^2+y^2 \geqq 2(x-y-1)$$

### 証明

$$x^2+y^2-2(x-y-1)=x^2+y^2-2x+2y+2$$

> 不等式 $A \geqq B$ を証明→$A-B \geqq 0$

$$= (x^2-2x+1)+(y^2+2y+1)$$

$$= (\underline{\quad 01 \quad})^2 + (\underline{\quad 02 \quad})^2$$

$(x-1)^2 \geqq 0$，$(y+1)^2 \geqq 0$ だから，$(x-1)^2+(y+1)^2 \geqq \underline{\quad 03 \quad}$

> 実数 $a$，$b$ について，$a^2+b^2 \geqq 0$

よって，$x^2+y^2 \geqq 2(x-y-1)$

等号が成り立つのは，$x = \underline{\quad 04 \quad}$ かつ $y = \underline{\quad 05 \quad}$ のときである。

$\quad \quad \vdash x-1=0 \quad \quad \vdash y+1=0$

## 平方の大小関係

● $x>0$ のとき，次の不等式を証明しなさい。

$$x+2 > 2\sqrt{x+1}$$

$\sqrt{\phantom{x}}$ のついた数を含む不等式では，両辺の平方の大小を考える。

### 証明

両辺の平方の差を計算すると，

$$(x+2)^2 - (2\sqrt{x+1})^2 = (x^2+4x+4) - 4(\underline{\quad 06 \quad})$$

$$= \underline{\quad 07 \quad} > 0 \quad \leftarrow 実数 a について，a^2 > 0$$

これより，$(x+2)^2 > (2\sqrt{x+1})^2$

$x>0$ より，$x+2>0$，$2\sqrt{x+1}>0$

よって，$x+2 > 2\sqrt{x+1}$

> $a>0$，$b>0$ のとき，$a^2>b^2 \iff a>b$
> $\vdash 2$つの式がともに正であることは必ず示すこと

No.

数 II

MATHEMATICS II

Date

THE LOOSE-LEAF STUDY GUIDE
FOR HIGH SCHOOL STUDENTS

## THEME 絶対値と不等式

### 性質 CHECK

実数 $a$ の絶対値

$a \geqq 0$ のとき，$|a|=a$     $a<0$ のとき，$|a|=-a$

実数 $a$ の絶対値の性質

$|a| \geqq 0$    $|a| \geqq a$    $|a| \geqq -a$    $|a|^2=a^2$    $|ab|=|a||b|$    $\left|\dfrac{a}{b}\right|=\dfrac{|a|}{|b|}(b \neq 0)$

### 絶対値を含む不等式の証明

● 次の不等式を証明しなさい。また，等号が成り立つときを調べなさい。

$$|a|-|b| \leqq |a-b|$$

$A \geqq 0$，$B \geqq 0$ のとき，$A^2 \geqq B^2 \iff A \geqq B$　これより，$A^2-B^2 \geqq 0$ であることを示せばよい。

#### 証明

$|a|-|b|<0$ の場合　　← (左辺)<0 の場合について考える

$|a-b|>0$ だから，$|a|-|b|$ 〔01〕＿＿＿ $|a-b|$

> 重要
>
> 数直線上で，実数 $a$ に対応する点と原点の距離を $a$ の絶対値といい，記号 $|a|$ で表す。
> 0 の絶対値は，$|0|=0$

$|a|-|b| \geqq 0$ の場合　　← (左辺)≧0 の場合について考える

$\quad |a-b|^2-(|a|-|b|)^2$　　　　　← (右辺の平方)−(左辺の平方)

$= (a-b)^2-(|a|^2-2|a||b|+|b|^2)$

$= (a^2-2ab+b^2)-($ 〔02〕＿＿＿ $)$　　⌐ $|a|^2=a^2$, $|a||b|=|ab|$

$= a^2-2ab+b^2-a^2+2|ab|-b^2$

$= 2($ 〔03〕＿＿＿ $) \geqq 0$　　　　← $|ab| \geqq ab$

よって，$|a-b|^2-(|a|-|b|)^2$ 〔04〕＿＿ $0$

すなわち，$(|a|-|b|)^2$ 〔05〕＿＿ $|a-b|^2$

$|a|-|b| \geqq 0$，$|a-b| \geqq 0$ だから，

$\quad |a|-|b| \leqq |a-b|$　　　⌐ $A \geqq 0$, $B \geqq 0$ のとき，$A^2 \geqq B^2 \iff A \geqq B$

等号が成り立つのは，$|ab|-ab=0$

$$|ab|=ab$$

すなわち，$ab$ 〔06〕＿＿ $0$ のときである。　　⌐ $|A|=A$ のとき，$A \geqq 0$

**公式 CHECK**

相加平均と相乗平均

2つの実数 $a$, $b$ について, $\dfrac{a+b}{2}$ を $a$ と $b$ の相加平均という。

$a>0$, $b>0$ のとき, $\sqrt{ab}$ を $a$ と $b$ の相乗平均という。

相加平均と相乗平均の大小関係

$a>0$, $b>0$ のとき, $\dfrac{a+b}{2}\geqq\sqrt{ab}$    等号が成り立つのは, $a=b$ のときである。

**証明**

$a>0$, $b>0$ だから,

$$\underset{\text{左辺ー右辺}}{\underline{\dfrac{a+b}{2}-\sqrt{ab}}}=\dfrac{a-2\sqrt{ab}+b}{2}=\dfrac{(\underline{\phantom{01}})^2-2\sqrt{ab}+(\underline{\phantom{02}})^2}{2}=\dfrac{(\underline{\phantom{03}})^2}{2}\geqq0$$

等号が成り立つのは, $\sqrt{a}-\sqrt{b}=\underline{\phantom{04}}$    すなわち, $a=b$ のときである。

### 相加平均と相乗平均

● $x>0$, $y>0$ のとき, 次の不等式を証明しなさい。また, 等号が成り立つときを調べなさい。

$$(x+y)\left(\dfrac{1}{x}+\dfrac{1}{y}\right)\geqq4$$

**証明**

左辺を展開すると, $(x+y)\left(\dfrac{1}{x}+\dfrac{1}{y}\right)=1+\dfrac{x}{y}+\dfrac{y}{x}+1=\underline{\dfrac{x}{y}+\dfrac{y}{x}+2}$ ← $x\cdot\dfrac{1}{x}+x\cdot\dfrac{1}{y}+y\cdot\dfrac{1}{x}+y\cdot\dfrac{1}{y}$

$\dfrac{x}{y}$ を $a$, $\dfrac{y}{x}$ を $b$ とみて, 相加平均と相乗平均の大小関係を利用する。

$x>0$, $y>0$ のとき, $\dfrac{x}{y}>0$, $\dfrac{y}{x}>0$ だから,

$$\dfrac{x}{y}+\dfrac{y}{x}\geqq2\sqrt{\dfrac{x}{y}\cdot\dfrac{y}{x}}=\underline{\phantom{05}}$$

$\boxed{\dfrac{a+b}{2}\geqq\sqrt{ab}\text{ より, }a+b\geqq2\sqrt{ab}}$

よって, $(x+y)\left(\dfrac{1}{x}+\dfrac{1}{y}\right)\geqq\underline{\phantom{06}}+2=\underline{\phantom{07}}$

等号が成り立つのは, $x>0$, $y>0$ かつ $\dfrac{x}{y}=\dfrac{y}{x}$    すなわち, $x=y$ のときである。 ← $\dfrac{x}{y}=\dfrac{y}{x}$ より, $x^2=y^2$

No.

Date

数 II

MATHEMATICS II

THE LOOSE-LEAF STUDY GUIDE
FOR HIGH SCHOOL STUDENTS

# THEME 複素数

## 解法 CHECK

複素数

2 乗して $-1$ になる数を文字 $i$ で表し，$i^2=-1$ とする。この $i$ を虚数単位という。

$i$ と 2 つの実数 $a$，$b$ を用いて，$a+bi$ の形で表される数を複素数という。

実部 — 虚部

複素数の計算

加法　$(a+bi)+(c+di)=(a+c)+(b+d)i$

減法　$(a+bi)-(c+di)=(a-c)+(b-d)i$

乗法　$(a+bi)(c+di)=ac+adi+bci+bdi^2=(ac-bd)+(ad+bc)i$

除法　$\dfrac{a+bi}{c+di}=\dfrac{(a+bi)(c-di)}{(c+di)(c-di)}=\dfrac{ac-adi+bci-bdi^2}{c^2-d^2i^2}=\dfrac{ac+bd}{c^2+d^2}+\dfrac{bc-ad}{c^2+d^2}i$

## 複素数の実部と虚部

次の複素数の実部と虚部を答えなさい。

**1**　$-6$　← $-6+0i$　　　　　実部は 01 _____，虚部は 02 _____

**2**　$\sqrt{5}\,i$　← $0+\sqrt{5}\,i$　　　実部は 03 _____，虚部は 04 _____

**3**　$\dfrac{2-i}{3}$　← $\dfrac{2}{3}+\left(-\dfrac{1}{3}\right)i$　　実部は 05 _____，虚部は 06 _____

複素数 $a+bi$

| 虚数 $a+bi$ | 実数 $a$ |
| ($b \neq 0$) | ($b=0$) |
| 純虚数 $bi$ | |
| ($a=0$) | |

## 複素数の相等

次のような実数 $x$，$y$ を求めなさい。

**1**　$(x-6)+(x-3y)i=0$

$x-6$，$x-3y$ は実数だから，

$$\begin{cases} x-6= \text{07} \\ x-3y= \text{08} \end{cases}$$
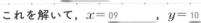 $a+bi=0 \iff a=0$ かつ $b=0$ 　重要

これを解いて，$x=$ 09 _____，$y=$ 10 _____

**2**　$(x-2y)+(5x+2y)i=7-i$

$x-2y$，$5x+2y$ は実数だから，

$$\begin{cases} x-2y= \text{11} \\ 5x+2y= \text{12} \end{cases}$$
 $a+bi=c+di \iff a=c$ かつ $b=d$ 　重要

これを解いて，$x=$ 13 _____，$y=$ 14 _____

## 複素数の加法・減法・乗法

複素数の計算では，$i$ をふつうの文字と同じように考えて計算する。

ただし，$i^2$ が出てきたら，それを $-1$ におきかえて計算する。

**1**　$(2+i)+(4-5i)$

$=(2+4)+(1-5)i$　←実部，虚部をそれぞれ計算

$=$ 15

**2**　$(5-3i)-(2-7i)$

$=(5-2)+(-3+7)i$

$=$ 16

**3**　$(5+2i)(4-3i)$

$=20-15i+8i-6i^2$

$=20-15i+8i-6(-1)$　< $i^2=-1$

$=20-15i+8i+6$

$=$ 17

**4**　$(3+4i)(3-4i)$　< $a+bi$ と $a-bi$ は共役な複素数

$=3^2-(4i)^2$

$=9-16i^2$

$=9-16(-1)$

$=$ 18

> 重要
> 互いに共役な複素数の
> 和と積は実数になる。
> $(a+bi)+(a-bi)=2a$
> $(a+bi)(a-bi)=a^2+b^2$

## 複素数の除法

複素数の除法は，分母と共役な複素数を分母と分子に掛けて，分母を実数にする。

$$\frac{12+5i}{2+3i}=\frac{(12+5i)\left(\,^{19}\phantom{xxx}\right)}{(2+3i)\left(\,_{20}\phantom{xxx}\right)}$$

> 2+3i と共役な複素数は 2−3i

$$=\frac{24-36i+10i-15i^2}{2^2-(3i)^2}$$

←$-15i^2=-15(-1)=15$

←$(3i)^2=3^2i^2=9(-1)=-9$

$$=\frac{21}{13}=22\phantom{xxxx}$$　←約分して $a-bi$ の形で表す

## 負の数の平方根

$a>0$ のとき，$\sqrt{-a}$ を含む計算は，$\sqrt{-a}$ を $\sqrt{a}\,i$ の形にして計算する。

**1**　$\sqrt{-4}+\sqrt{-9}=\sqrt{4}\,i+\sqrt{9}\,i=2i+3i=$ 23

**2**　$\sqrt{-2}\,\sqrt{-8}=\sqrt{2}\,i\times\sqrt{8}\,i=4i^2=$ 24

> 注意
> $\sqrt{-2}\,\sqrt{-8}\neq\sqrt{(-2)(-8)}$
> $a<0$，$b<0$ のとき，
> $\sqrt{a}\,\sqrt{b}=\sqrt{ab}$ は成り立たない。

**3**　$\dfrac{\sqrt{-12}}{\sqrt{3}}=\dfrac{\sqrt{12}\,i}{\sqrt{3}}=\dfrac{25}{\sqrt{3}}=$ 26

No.

数 II

Date

MATHEMATICS II

THE LOOSE-LEAF STUDY GUIDE
FOR HIGH SCHOOL STUDENTS

# THEME 2 次方程式の解

### 解法 CHECK

2 次方程式 $x^2=k$ の解

複素数の範囲では，2 次方程式 $x^2=k$ は常に解をもち，その解は，$x=\pm\sqrt{k}$

2 次方程式の解の公式

2 次方程式 $ax^2+bx+c=0$ の解は，$x=\dfrac{-b\pm\sqrt{b^2-4ac}}{2a}$

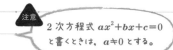

注意 2 次方程式 $ax^2+bx+c=0$ と書くときは，$a\neq0$ とする。

2 次方程式 $ax^2+2b'x+c=0$ の解は，$x=\dfrac{-b'\pm\sqrt{b'^2-ac}}{a}$

└→ $x$ の係数は偶数

## 2 次方程式 $x^2=k$

次の 2 次方程式を解きなさい。

**1** $x^2=-36$

$x=\pm\sqrt{-36}=\pm\sqrt{\underline{\quad01\quad}}\,i=\underline{\quad02\quad}$

⟨ 2 次方程式 $x^2=k$ の解→ $x=\pm\sqrt{k}$

**2** $x^2+20=0$

$x^2=-20$

$x=\pm\sqrt{-20}=\pm\sqrt{\underline{\quad03\quad}}\,i=\underline{\quad04\quad}$

重要 $a>0$ とすると，
$-a$ の平方根は，$\pm\sqrt{-a}=\pm\sqrt{a}\,i$

## 2次方程式の解の公式

次の 2 次方程式を解きなさい。

**1** $5x^2+7x+3=0$

$x=\dfrac{-7\pm\sqrt{7^2-\underline{\quad05\quad}}}{2\cdot5}$

⟨ $x=\dfrac{-b\pm\sqrt{b^2-4ac}}{2a}$

$=\dfrac{-7\pm\sqrt{\underline{\quad06\quad}}}{10}=\dfrac{-7\pm\underline{\quad07\quad}}{10}$

複素数の範囲で考えると，
2 次方程式 $ax^2+bx+c=0$ は，
$b^2-4ac<0$ のときも解をもつ。

**2** $4x^2-6x+9=0$

$x=\dfrac{-(-3)\pm\sqrt{(-3)^2-\underline{\quad08\quad}}}{4}$

⟨ $x=\dfrac{-b'\pm\sqrt{b'^2-ac}}{a}$

$=\dfrac{3\pm\sqrt{\underline{\quad09\quad}}}{4}=\dfrac{3\pm\underline{\quad10\quad}}{4}$

NO.

数II

MATHEMATICS II

THE LOOSE-LEAF STUDY GUIDE
FOR HIGH SCHOOL STUDENTS

THEME **2 次方程式の解**

解法 CHECK

**2 次方程式の解の種類の判別**

2 次方程式 $ax^2+bx+c=0$ の判別式を $D=b^2-4ac$ とすると，解について次のことが成り立つ。

$D>0 \iff$ 異なる 2 つの実数解

$D=0 \iff$ 重解（実数解）

$D<0 \iff$ 異なる 2 つの虚数解

> 方程式の解のうち，
> 実数であるものを実数解といい，
> 虚数であるものを虚数解という。

## 2 次方程式の解の種類の判別

次の 2 次方程式の解の種類を判別しなさい。

**1** $4x^2+9x+5=0$

$D=9^2-4\cdot4\cdot5=1>0$　$\lhd$　$D=b^2-4ac$

よって，異なる 2 つの ___11___ をもつ。

**2** $3x^2+8x+7=0$

2 次方程式 $ax^2+2b'x+c=0$ の判別式は，$D=(2b')^2-4ac=4(b'^2-ac)$ だから，$\dfrac{D}{4}=b'^2-ac$

$\dfrac{D}{4}=4^2-3\cdot7=-5<0$

よって，異なる 2 つの ___12___ をもつ。　$\lhd$　異なる 2 つの虚数解は共役な複素数。

**3** $9x^2-12x+4=0$

$\dfrac{D}{4}=(-6)^2-9\cdot4=0$　$\lhd$　$\dfrac{D}{4}=b'^2-ac$

よって，___13___ をもつ。

## 2 次方程式の解と定数

● 2 次方程式 $x^2+mx-m+3=0$ が実数解をもつとき，定数 $m$ の値の範囲を求めなさい。

2 次方程式 $x^2+mx-m+3=0$ の判別式を $D$ とすると，

$D=m^2-4\cdot1\cdot(-m+3)=m^2+4m-12$

実数解をもつのは，$D$ ___14___ $0$ のときだから，

$m^2+4m-12\geqq0,\ (m+$ ___15___ $)(m-$ ___16___ $)\geqq0$

これを解いて，$m\leqq$ ___17___ ，___18___ $\leqq m$

> ←実数解をもつ場合は，
> 「異なる 2 つの実数解をもつ」と
> 「重解をもつ」の 2 つの場合がある　注意

No.

数 II

MATHEMATICS II

Date

THE LOOSE-LEAF STUDY GUIDE
FOR HIGH SCHOOL STUDENTS

## THEME 解と係数の関係

### 解法 CHECK

**2次方程式の解と係数の関係**

2次方程式 $ax^2+bx+c=0$ の2つの解を $\alpha$, $\beta$ とする。$D=b^2-4ac$ とすると，

和 　$\alpha+\beta=\dfrac{-b+\sqrt{D}}{2a}+\dfrac{-b-\sqrt{D}}{2a}=\dfrac{-2b}{2a}=-\dfrac{b}{a}$

積 　$\alpha\beta=\dfrac{-b+\sqrt{D}}{2a}\times\dfrac{-b-\sqrt{D}}{2a}=\dfrac{(-b)^2-D}{4a^2}=\dfrac{b^2-b^2+4ac}{4a^2}=\dfrac{4ac}{4a^2}=\dfrac{c}{a}$

### 2つの解の和と積

● 2次方程式 $3x^2-6x-4=0$ について，2つの解の和と積を求めなさい。

2次方程式 $3x^2-6x-4=0$ の2つの解を $\alpha$, $\beta$ とすると，解と係数の関係から，

和 　$\alpha+\beta=-\dfrac{\boxed{01}}{\boxed{02}}=\boxed{03}$

積 　$\alpha\beta=\dfrac{\boxed{04}}{\boxed{05}}=\boxed{06}$

> $\alpha+\beta=-\dfrac{b}{a}$, $\alpha\beta=\dfrac{c}{a}$

### 2つの解の式の値

**1** 2次方程式 $x^2+2x+5=0$ の2つの解を $\alpha$, $\beta$ とするとき，$\alpha^3+\beta^3$ の値を求めなさい。

└→ $x^2+y^2$ や $x^3+y^3$ のように，
文字 $x$ と $y$ を入れかえても変わらない多項式を，
$x$ と $y$ についての対称式という

**手順1** 解と係数の関係から，$\alpha+\beta$, $\alpha\beta$ を求める。

$\alpha+\beta=\boxed{07}$ 　, 　$\alpha\beta=\boxed{08}$

**手順2** $\alpha^3+\beta^3$ を $\alpha+\beta$ と $\alpha\beta$ で表す。

$\underline{\alpha^3+\beta^3=(\alpha+\beta)^3-3\alpha\beta(\alpha+\beta)}$

└→ $\alpha^3+\beta^3=\alpha^3+3\alpha^2\beta+3\alpha\beta^2+\beta^3-3\alpha^2\beta-3\alpha\beta^2$

**手順3** この式に $\alpha+\beta$, $\alpha\beta$ の値を代入する。

$\alpha^3+\beta^3=(\alpha+\beta)^3-3\alpha\beta(\alpha+\beta)$

$=(\boxed{09}\ )^3-3\cdot\boxed{10}\cdot(\boxed{11}\ )$

$=\boxed{12}$

NO.

## 数 II
MATHEMATICS II

THE LOOSE-LEAF STUDY GUIDE
FOR HIGH SCHOOL STUDENTS

THEME 解と係数の関係

**2** 2次方程式 $2x^2+x+3=0$ の2つの解を $\alpha$, $\beta$ とするとき, $\dfrac{\beta}{\alpha}+\dfrac{\alpha}{\beta}$ の値を求めなさい。

解と係数の関係から, $\alpha+\beta=$ <u>13</u>, $\alpha\beta=$ <u>14</u>

$\dfrac{\beta}{\alpha}+\dfrac{\alpha}{\beta}$ を通分して, 分母, 分子をそれぞれ $\alpha+\beta$, $\alpha\beta$ で表すと;

$$\dfrac{\beta}{\alpha}+\dfrac{\alpha}{\beta}=\dfrac{\alpha^2+\beta^2}{\alpha\beta}$$

分子は, $\alpha^2+\beta^2=(\alpha+\beta)^2-2\alpha\beta=\left(-\dfrac{1}{2}\right)^2-2\cdot\dfrac{3}{2}=$ <u>15</u>

分母は, $\alpha\beta=$ <u>16</u>

よって, $\dfrac{\beta}{\alpha}+\dfrac{\alpha}{\beta}=\dfrac{\alpha^2+\beta^2}{\alpha\beta}=$ <u>17</u> $\div$ <u>18</u> $=$ <u>19</u>

> いろいろな対称式の変形
> $\alpha^2+\beta^2=(\alpha+\beta)^2-2\alpha\beta$
> $(\alpha-\beta)^2=(\alpha+\beta)^2-4\alpha\beta$
> $\dfrac{1}{\alpha}+\dfrac{1}{\beta}=\dfrac{\alpha+\beta}{\alpha\beta}$
> $\dfrac{\beta}{\alpha}+\dfrac{\alpha}{\beta}=\dfrac{\alpha^2+\beta^2}{\alpha\beta}$

### 2つの解と定数

● 2次方程式 $3x^2+30x+m=0$ において, 1つの解が他の解の4倍であるとき, 定数 $m$ の値と2つの解を求めなさい。

1つの解を $\alpha$ とすると, 他の解は <u>20</u> と表すことができる。

解と係数の関係から;
$$\begin{cases} \alpha+4\alpha=-\dfrac{\boxed{21}}{3} & \cdots\cdots① \\ \alpha\cdot4\alpha=\boxed{22} & \cdots\cdots② \end{cases}$$

①より, $5\alpha=-10$, $\alpha=$ <u>23</u>

これより, 他の解は, $4\alpha=4\cdot($ <u>24</u> $)=$ <u>25</u>

②より, $m=12\alpha^2$

これより, $m$ の値は, $m=12\times($ <u>26</u> $)^2=$ <u>27</u>

よって, $m=$ <u>28</u>

2つの解は <u>29</u>, <u>30</u>

No.

Date

数 II

MATHEMATICS II

THE LOOSE-LEAF STUDY GUIDE
FOR HIGH SCHOOL STUDENTS

# THEME 2次式の因数分解

● 2次方程式 $ax^2+bx+c=0$ の2つの解を $\alpha$, $\beta$ とすると,

$ax^2+bx+c=a(x-\alpha)(x-\beta)$

● 2数 $\alpha$, $\beta$ を解とする2次方程式の1つは,

$x^2-(\alpha+\beta)x+\alpha\beta=0$

## 2次方程式の解の種類の判別

次の2次式を,複素数の範囲で因数分解しなさい。

**1** $3x^2-5x+1$

2次方程式 $3x^2-5x+1=0$ の解は,

$$x=\frac{-(-5)\pm\sqrt{(-5)^2-4\cdot3\cdot1}}{2\cdot3}=\underline{\text{01}}\qquad\boxed{x=\frac{-b\pm\sqrt{b^2-4ac}}{2a}}$$

よって, $3x^2-5x+1=\underline{\text{02}}\quad\left(x-\dfrac{5+\sqrt{13}}{6}\right)\left(x-\underline{\text{03}}\qquad\right)$

**2** $x^2+4x+7$

2次方程式 $x^2+4x+7=0$ の解は,

$$x=\frac{-2\pm\sqrt{2^2-1\cdot7}}{1}=\underline{\text{04}}\qquad\boxed{x=\frac{-b'\pm\sqrt{b'^2-ac}}{a}}$$

よって, $x^2+4x+7=\{x-(-2+\underline{\text{05}}\qquad)\}\{x-(-2-\underline{\text{06}}\qquad)\}$

$=\underline{\text{07}}$

> 係数が実数である2次式は,
> 複素数の範囲で常に1次式
> の積に因数分解できる。

## 2次方程式の決定

● 2数 $2+\sqrt{7}\,i$, $2-\sqrt{7}\,i$ を解とする2次方程式を1つ作りなさい。

解の和は, $(2+\sqrt{7}\,i)+(2-\sqrt{7}\,i)=\underline{\text{08}}$

解の積は, $(2+\sqrt{7}\,i)(2-\sqrt{7}\,i)=\underline{\text{09}}$

よって,この2数を解とする2次方程式の1つは

$\underline{\text{10}}\qquad\qquad=0\qquad\boxed{x^2-(\text{解の和})x+(\text{解の積})=0}$

## 2次方程式の実数解の符号

2次方程式 $ax^2+bx+c=0$ の2つの解 $\alpha$, $\beta$ と判別式 $D$ について，次のことが成り立つ。

❶ $\alpha$, $\beta$ は異なる2つの正の解 $\Longleftrightarrow$ $D>0$ で，$\alpha+\beta$ <u>11</u> $0$ かつ $\alpha\beta$ <u>12</u> $0$
不等号　　　　　　　　　不等号

❷ $\alpha$, $\beta$ は異なる2つの負の解 $\Longleftrightarrow$ $D>0$ で，$\alpha+\beta$ <u>13</u> $0$ かつ $\alpha\beta$ <u>14</u> $0$
不等号　　　　　　　　　不等号

❸ $\alpha$, $\beta$ は符号の異なる解 $\Longleftrightarrow$ $\alpha\beta$ <u>15</u> $0$
不等号

> $\alpha$ と $\beta$ の符号が異なるとき，
> $ac<0$ より，常に $D>0$ は成り立つ。

**重要** 判別式 $D=b^2-4ac$ と実数解の個数
❶ $D>0 \Longleftrightarrow$ 異なる2つの実数解をもつ。
❷ $D=0 \Longleftrightarrow$ 1つの実数解（重解）をもつ。
❸ $D<0 \Longleftrightarrow$ 実数解をもたない。

## 実数解の符号と定数の範囲

● 2次方程式 $x^2+2mx+3m+18=0$ が異なる2つの正の解をもつとき，定数 $m$ の値の範囲を求めなさい。

2次方程式 $x^2+2mx+3m+18=0$ の2つの解を $\alpha$, $\beta$，判別式を $D$ とする。

**手順1** 2次方程式が異なる2つの実数解をもつ条件は，$D>0$

$$\frac{D}{4}=m^2-1\cdot(3m+18)=m^2-3m-18$$

$D>0$ より，$m^2-3m-18>0$

$$(m+ \underline{\quad 16 \quad})(m- \underline{\quad 17 \quad})>0$$

よって，$m< \underline{\quad 18 \quad}$，$\underline{\quad 19 \quad}<m$ ……①

**手順2** $\alpha>0$, $\beta>0$ となる条件は，$\alpha+\beta>0$ かつ $\alpha\beta>0$

解と係数の関係から，$\alpha+\beta=-2m$, $\alpha\beta=3m+18$

$\alpha+\beta>0$ より，$-2m>0$, $m< \underline{\quad 20 \quad}$ ……②

$\alpha\beta>0$ より，$3m+18>0$, $m> \underline{\quad 21 \quad}$ ……③

**手順3** ①，②，③の共通範囲を求める。

右の図から，

$$\underline{\quad 22 \quad}<m< \underline{\quad 23 \quad}$$

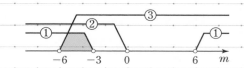

No.

Date

数 II
MATHEMATICS II

THE LOOSE-LEAF STUDY GUIDE
FOR HIGH SCHOOL STUDENTS

## THEME 剰余の定理

定理 CHECK

剰余の定理

多項式 $P(x)$ を 1 次式 $x-k$ で割った余りは，$P(k)$ に等しい。

証明

多項式 $P(x)$ を $x$ の 1 次式 $x-k$ で割った商を $Q(x)$，余りを $R$ とすると，

$P(x)=(x-k)Q(x)+R$　$R$ は定数　←割られる式＝割る式×商＋余り

両辺に $x=k$ を代入すると，$P(k)=(k-k)Q(k)+R$, $P(k)=R$

よって，剰余の定理が成り立つ。

### 剰余の定理

$P(x)=x^3-2x^2+3x-4$ を次の 1 次式で割った余りを求めなさい。

**1**　$x-1$

$P(x)$ を $x-1$ で割ったときの余りは，$P(1)=1^3-2\cdot1^2+3\cdot1-4=$ 01 ____

**2**　$x+2$

$P(x)$ を $x+2$ で割ったときの余りは，$P(-2)=(-2)^3-2\cdot(-2)^2+3\cdot(-2)-4=$ 02 ____

### 剰余の定理の利用

● 多項式 $P(x)$ を $x-2$, $x+3$ で割った余りがそれぞれ 4, 9 であるとき，$P(x)$ を $(x-2)(x+3)$ で割った余りを求めなさい。

$P(x)$ を $(x-2)(x+3)$ で割った余りを $ax+b$，

商を $Q(x)$ とすると，

$P(x)=(x-2)(x+3)Q(x)+ax+b$ ……①

①より，$\begin{cases} P(2)= \text{ 03 ____} \\ P(-3)= \text{ 04 ____} \end{cases}$

| 割る式の次数 | 余り | 余りの表し方 |
|---|---|---|
| 1 次式 | 定数 | $R$ |
| 2 次式 | 1 次以下の多項式 | $ax+b$ |
| 3 次式 | 2 次以下の多項式 | $ax^2+bx+c$ |

また，$P(x)$ を $x-2$ で割った余りが 4 だから，$P(2)=$ 05 ____

　　　$P(x)$ を $x+3$ で割った余りが 9 だから，$P(-3)=$ 06 ____

これより，$\begin{cases} 2a+b=4 \\ -3a+b=9 \end{cases}$　これを解くと，$a=$ 07 ____，$b=$ 08 ____

よって，余りは 09 ____

### 定理 CHECK

因数定理

多項式 $P(x)$ が 1 次式 $x-k$ を因数にもつ $\iff P(k)=0$

## 因数定理を用いた因数分解

● $x^3+3x^2-4x-12$ を因数分解しなさい。

**手順1** 因数分解する式を $P(x)$ として，$P(k)=0$ となる $k$ の値を求める。

$P(x)=x^3+3x^2-4x-12$ とすると，$P(2)=2^3+3\cdot2^2-4\cdot2-12=0$　　←$x=-2$，$-3$ のときも，
　　　　　　　　　　　　　　　　　　　　　　　　　　　　　　　　　　$P(x)=0$

よって，$P(x)$ は〔01　　　　　〕を因数にもつ。

**手順2** $P(x)$ を $x-k$ で割り，商 $Q(x)$ を求める。

右の割り算から，

$x^3+3x^2-4x-12=(x-2)($〔02　　　　　　　〕$)$

**手順3** $P(x)=(x-k)Q(x)$ として，$Q(x)$ が因数分解できれば，

さらに因数分解する。

$x^2+5x+6=$〔03　　　　　〕だから，

└─ この因数分解を忘れないように　注意

$x^3+3x^2-4x-12=$〔04　　　　　〕

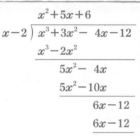

$$\begin{array}{r} x^2+5x+6 \\ x-2\ \overline{)\ x^3+3x^2-\ 4x-12} \\ \underline{x^3-2x^2} \\ 5x^2-\ 4x \\ \underline{5x^2-10x} \\ 6x-12 \\ \underline{6x-12} \\ 0 \end{array}$$

## 組立除法

3 次式 $ax^3+bx^2+cx+d$ を 1 次式 $x-k$ で割った商を $lx^2+mx+n$，余りを $R$ とする。

この商の係数 $l$，$m$，$n$ と余り $R$ は，下のような方法で求められる。これを組立除法という。

$ax^3+bx^2+cx+d=0$ の係数→　$a$　　　　$b$　　　　$c$　　　　$d$ ｜ $k$
と定数を順に並べる

　　　　　　　　　　　　　　$\times k\ \nearrow lk$　$\times k\ \nearrow mk$　$\times k\ \nearrow nk$

商の多項式の係数と定数になる→　$l$　　　　$m$　　　　$n$　｜ $R$　　←$R=0$ のときは割り切れる

$$l=a,\ \ m=b+lk,\ \ n=c+mk,\ \ R=d+nk$$

● $x^3+7x^2+5x-16$ を $x+3$ で割ったときの商と余りを求めなさい。

$x^3+7x^2+5x-16=0$ の係数→　$1$　　　　$7$　　　　$5$　　　　$-16$ ｜ $-3$
と定数を順に並べる

　　　　　　　　　　　　　　　　$-3$　　　$-12$　　　$21$

　　　　　　　　　　$1$　　　〔05　　〕　　〔06　　〕｜〔07　　〕

よって，商は〔08　　　　〕，余りは〔09　　　〕

No.

Date

数 II

MATHEMATICS II

THE LOOSE-LEAF STUDY GUIDE
FOR HIGH SCHOOL STUDENTS

THEME **高次方程式**

解法 CHECK

高次方程式とその解き方

$x$ の多項式 $P(x)$ が $n$ 次式のとき，$P(x)=0$ の形で表される方程式を $n$ 次方程式という。

また，3 次以上の方程式を高次方程式という。

高次方程式は，因数分解の公式や因数定理を利用して，多項式 $P(x)$ を 1 次式または 2 次式の積の形に因数分解して，$AB=0$ ならば $A=0$ または $B=0$ の考え方を用いて解く。

### 1 の 3 乗根

● 3 次方程式 $x^3=1$ を解きなさい。

1 を左辺に移項して，　　　　　　　　$x^3-1=0$

左辺を因数分解すると，$(x-1)($ 01 _____ $)=0$　　◁ $a^3-b^3=(a-b)(a^2+ab+b^2)$

これより，$x-1=0$ または $x^2+x+1=0$

$x-1=0$ より，$x=1$

$x^2+x+1=0$ より，$x=\dfrac{-1\pm\sqrt{1^2-4\cdot1\cdot1}}{2\cdot1}=$ 02 _____　　◁ $x=\dfrac{-b\pm\sqrt{b^2-4ac}}{2a}$

よって，$x=1,$ 03 _____

重要 3 乗すると $a$ になる数を $a$ の 3 乗根という。すなわち，$x^3=a$ となる数 $x$ が $a$ の 3 乗根である。

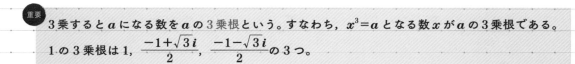

1 の 3 乗根は 1, $\dfrac{-1+\sqrt{3}i}{2}$, $\dfrac{-1-\sqrt{3}i}{2}$ の 3 つ。

### 因数分解の公式の利用

● 4 次方程式 $x^4-x^2-20=0$ を解きなさい。

左辺を因数分解すると，$(x^2-5)($ 04 _____ $)=0$　　← $x^2=X$ とすると，$X^2-X-20=(X-5)(X+4)$

これより，$x^2-5=0$ または $x^2+4=0$

$x^2-5=0$ より，$x=$ 05 _____　　← $x^2=5$

$x^2+4=0$ より，$x=$ 06 _____　　← $x^2=-4$, $x=\pm\sqrt{-4}$

よって，$x=$ 07 _____

NO.
## 数 II
MATHEMATICS II

THE LOOSE-LEAF STUDY GUIDE
FOR HIGH SCHOOL STUDENTS

THEME 高次方程式

### 因数定理の利用

● 3 次方程式 $x^3-3x^2-2x+2=0$ を解きなさい。

$P(x)=x^3-3x^2-2x+2$ とすると, $P(-1)=(-1)^3-3(-1)^2-2(-1)+2=0$

因数定理より, $P(x)$ は 08 ____ を因数にもつ。

右の組立除法から,

| 1 | $-3$ | $-2$ | 2 | $-1$ |
|---|------|------|---|------|
|   | $-1$ | 4 | $-2$ | |
| 1 | $-4$ | 2 | 0 | |

$P(x)=x^3-3x^2-2x+2=(x+1)($ 09 ____ $)$

$P(x)=0$ より, $x+1=0$ または $x^2-4x+2=0$

$x+1=0$ より, $x=-1$

$x^2-4x+2=0$ より, $x=\dfrac{-(-2)\pm\sqrt{(-2)^2-1\cdot2}}{1}=$ 10 ____

$\qquad x=\dfrac{-b'\pm\sqrt{b'^2-ac}}{a}$

よって, $x=-1,$ 11 ____

### 高次方程式の係数と他の解

● $a,\ b$ は実数とする。3 次方程式 $x^3+2x^2+ax+b=0$ が $1+i$ を解にもつとき, 定数 $a,\ b$ の値を求めなさい。また, 他の解を求めなさい。

$1+i$ が方程式 $x^3+2x^2+ax+b=0$ の解だから,

$\qquad (1+i)^3+2(1+i)^2+a(1+i)+b=0$

$\qquad P(x)=0$ が $\alpha$ を解にもつ $\iff P(\alpha)=0$

$(1+3i-3-i)+2(1+2i-1)+a(1+i)+b=0$

$($ 12 ____ $)+($ 13 ____ $)i=0$

$\qquad -2+2i+4i+a+ai+b=0$

$a+b-2,\ a+6$ は実数だから, $\begin{cases} a+b-2=0 \\ a+6=0 \end{cases}$

$\qquad \blacksquare+\bullet i=0 \iff \blacksquare=0$ かつ $\bullet=0$

これを解くと, $a=$ 14 ____ , $b=$ 15 ____

これより, 方程式は, $x^3+2x^2-6x+8=0$

この方程式の解の 1 つが $1+i$ なので,

これと共役な複素数 $1-i$ も解である。

一般に, 実数を係数とする $n$ 次方程式の解の 1 つが $a+bi$ ならば, これと共役な複素数 $a-bi$ も解である。

2 つの解 $1\pm i$ をもつ 2 次方程式は, $x^2-2x+2=0$ ←和…$(1+i)+(1-i)=2$, 積…$(1+i)(1-i)=2$

よって, もとの方程式の左辺を因数分解すると, $($ 16 ____ $)(x^2-2x+2)=0$

これを解くと, $x=$ 17 ____ , $1\pm i$

答 $\quad a=-6,\ b=8,$ 他の解は $-4,\ 1-i$

No.

Date

数 II
MATHEMATICS II

THE LOOSE-LEAF STUDY GUIDE
FOR HIGH SCHOOL STUDENTS

# THEME 直線上の点

## 公式 CHECK

2 点 $A(a)$, $B(b)$ を結ぶ線分 $AB$ を, $m:n$ に内分する点を $P$, 外分する点を $Q$ とする。

内分点 $P$ の座標は $\dfrac{na+mb}{m+n}$, 外分点 $Q$ の座標は $\dfrac{-na+mb}{m-n}$ —→外分点の座標は，内分点の座標で $n$ を $-n$ におきかえたもの

特に, 線分 $AB$ の中点の座標は $\dfrac{a+b}{2}$ —→線分 $AB$ を $1:1$ に内分

## 内分点・外分点の座標の公式

● 内分点 $P(p)$ の座標

$a<b$ のとき,

$AP=$ 01 _____,

$PB=$ 02 _____

$AP:PB=m:n$ より,

数直線上の 2 点 $A(a)$, $B(b)$ 間の距離 重要

$\left.\begin{array}{l} a\leqq b\ \text{のとき,}\ b-a \\ a>b\ \text{のとき,}\ a-b \end{array}\right\}$ $AB=|b-a|$

$a<b$ のとき

$\quad m \quad\quad n$

$A(a) \quad P(p) \quad B(b)$

$a>b$ のとき

$(p-a):(b-p)=m:n$, $p=\dfrac{na+mb}{m+n}$ ……① ←$(p-a)n=(b-p)m$
$np-na=mb-mp$
$(m+n)p=na+mb$

$\quad n \quad\quad m$

$B(b) \quad P(p) \quad A(a)$

$a>b$ のときも, 同様にして①が得られる。

● 外分点 $Q(q)$ の座標

$m>n$, $a<b$ のとき, 点 $B$ は線分 $AQ$ を ( 03 _____ ) : 04 _____
に内分するから, ①の $m$ を $m-n$ におきかえると,

$m>n$, $a<b$ のとき

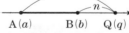

$\quad\quad m$

$\quad\quad\quad n$

$A(a) \quad B(b) \quad Q(q)$

$b=\dfrac{na+(m-n)q}{(m-n)+n}$, $q=\dfrac{-na+mb}{m-n}$ ……② ←$mb=na+(m-n)q$
$-na+mb=(m-n)q$

$m>n$, $a>b$ のとき

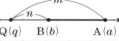

$\quad\quad m$

$\quad n$

$Q(q) \quad B(b) \quad\quad A(a)$

$m>n$, $a>b$ のときも, 同様にして②が得られる。

## 内分点・外分点の座標

2 点 $A(2)$, $B(8)$ を結ぶ線分 $AB$ について, 次の点の座標を求めなさい。

**1** $2:1$ に内分する点 $P$

$\dfrac{\text{05}\_\_\_\times 2+\text{06}\_\_\_\times 8}{2+1}=$ 07 _____

**2** $3:1$ に外分する点 $Q$

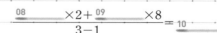

$\dfrac{\text{08}\_\_\_\times 2+\text{09}\_\_\_\times 8}{3-1}=$ 10 _____

**3** $2:5$ に外分する点 $R$

$\dfrac{\text{11}\_\_\_\times 2+\text{12}\_\_\_\times 8}{2-5}=$ 13 _____

**4** 中点 $M$

$\dfrac{2+8}{\text{14}\_\_\_}=$ 15 _____

## 公式 CHECK

2 点 A$(x_1,\ y_1)$, B$(x_2,\ y_2)$ 間の距離 AB は, AB$=\sqrt{(x_2-x_1)^2+(y_2-y_1)^2}$

特に, 原点 O と点 A$(x_1,\ y_1)$ の距離 OA は, OA$=\sqrt{x_1{}^2+y_1{}^2}$

### 証明

右の図で, AC= <u>01</u>  ←点 B の $x$ 座標 － 点 A の $x$ 座標

BC= <u>02</u>  ←点 B の $y$ 座標 － 点 A の $y$ 座標

直角三角形 ABC で, 三平方の定理より,

AB$=\sqrt{\underline{03}\ ^2+\underline{04}\ ^2}=\sqrt{(x_2-x_1)^2+(y_2-y_1)^2}$

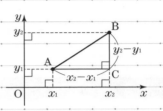

## 2 点 間 の 距 離

次の 2 点間の距離を求めなさい。

**1** A$(2,\ 3)$, B$(5,\ 9)$

AB$=\sqrt{(5-2)^2+(\underline{05}\quad-\underline{06}\quad)^2}$ ◁ AB$=\sqrt{(x_2-x_1)^2+(y_2-y_1)^2}$

$=\sqrt{3^2+\underline{07}\ ^2}=\sqrt{45}=\underline{08}$

└●$a\sqrt{b}$ の形

**2** 原点 O, A$(8,\ -6)$

OA$=\sqrt{8^2+(\underline{09}\quad)^2}$ ◁ OA$=\sqrt{x_1{}^2+y_1{}^2}$

$=\sqrt{100}=\underline{10}$

## 対 称 な 点

点 A$(3,\ 6)$ に対して, 次のような点の座標を求めなさい。

**1** $x$ 軸に関して対称な点 B

$y$ 座標の符号が変わるから,

B( <u>11</u>  )

**2** $y$ 軸に関して対称な点 C

$x$ 座標の符号が変わるから,

C( <u>12</u>  )

**3** 原点に関して対称な点 D

$x$ 座標, $y$ 座標の符号が変わるから,

D( <u>13</u>  )

重要

点 A$(a,\ b)$ と,

$x$ 軸に関して対称な点 B $\to (a,\ -b)$

$y$ 軸に関して対称な点 C $\to (-a,\ b)$

原点に関して対称な点 D $\to (-a,\ -b)$

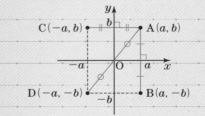

No.

Date

数 II

MATHEMATICS II

THE LOOSE-LEAF STUDY GUIDE
FOR HIGH SCHOOL STUDENTS

## THEME 座標平面上の内分点・外分点

2 点 $A(x_1, y_1)$, $B(x_2, y_2)$ を結ぶ線分 $AB$ を, $m:n$ に内分する点を $P$, 外分する点を $Q$ とする。

内分点 $P$ の座標は, $\left(\dfrac{nx_1+mx_2}{m+n}, \dfrac{ny_1+my_2}{m+n}\right)$

外分点 $Q$ の座標は, $\left(\dfrac{-nx_1+mx_2}{m-n}, \dfrac{-ny_1+my_2}{m-n}\right)$ →外分点の座標は, 内分点の座標で $n$ を $-n$ におきかえたもの

特に, 線分 $AB$ の中点の座標は, $\left(\dfrac{x_1+x_2}{2}, \dfrac{y_1+y_2}{2}\right)$ →線分 $AB$ を $1:1$ に内分

### 内分点・外分点の座標の公式

●座標平面上の内分点 $P$ の座標

右の図のように, 点 A, B, P から $x$ 軸, $y$ 軸にそれぞれ垂線を下ろす。

$CH:HD=AP:PB=m:n$ ←平行線と線分の比の定理

点 H は線分 CD を 01 _____ : 02 _____ に 03 _____ するから,

その $x$ 座標は, $x=\dfrac{nx_1+mx_2}{m+n}$ ←数直線上の内分点の座標

$EK:KF=AP:PB=m:n$

点 04 _____ は線分 05 _____ を $m:n$ に内分するから,

その $y$ 座標は, $y=\dfrac{ny_1+my_2}{m+n}$

よって, 内分点 $P$ の座標は, $\left(\dfrac{nx_1+mx_2}{m+n}, \dfrac{ny_1+my_2}{m+n}\right)$

●座標平面上の外分点 $Q$ の座標

右の図で,

点 S は線分 CD を 06 _____ : 07 _____ に 08 _____ するから,

その $x$ 座標は, $x=\dfrac{-nx_1+mx_2}{m-n}$ ←数直線上の外分点の座標

点 09 _____ は線分 10 _____ を $m:n$ に外分するから,

その $y$ 座標は, $y=\dfrac{-ny_1+my_2}{m-n}$

よって, 外分点 $Q$ の座標は, $\left(\dfrac{-nx_1+mx_2}{m-n}, \dfrac{-ny_1+my_2}{m-n}\right)$

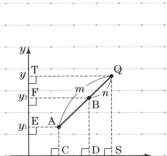

## 内分点・外分点の座標

2 点 A$(1, -2)$, B$(6, 3)$ を結ぶ線分 AB について，次の点の座標を求めなさい。

**1** 3 : 2 に内分する点 P

点 P の座標を $(x, y)$ とすると，

$$x = \frac{2 \times 1 + 3 \times 6}{3 + 2} = \underline{11} \qquad y = \frac{2 \times (-2) + 3 \times 3}{3 + 2} = \underline{12}$$

よって，P$(\underline{13} \quad , \quad \underline{14} \quad )$

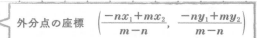

内分点の座標 $\left( \dfrac{nx_1 + mx_2}{m + n}, \dfrac{ny_1 + my_2}{m + n} \right)$

**2** 2 : 1 に外分する点 Q

点 Q の座標を $(x, y)$ とすると，

$$x = \frac{-1 \times 1 + 2 \times 6}{2 - 1} = \underline{15} \qquad y = \frac{-1 \times (-2) + 2 \times 3}{2 - 1} = \underline{16}$$

よって，Q$(\underline{17} \quad , \quad \underline{18} \quad )$

外分点の座標 $\left( \dfrac{-nx_1 + mx_2}{m - n}, \dfrac{-ny_1 + my_2}{m - n} \right)$

## 三角形の重心の座標

三角形の頂点とそれに向かい合う辺の中点を結ぶ線分を $\underline{19 \qquad}$ という。

三角形の 3 本の中線は 1 点で交わり，この点を三角形の $\underline{20 \qquad}$ という。

三角形の重心は，中線を $\underline{21 \quad}$ : $\underline{22 \quad}$ に内分する。

● 3 点 A$(x_1, y_1)$, B$(x_2, y_2)$, C$(x_3, y_3)$ を頂点とする△ABC の重心 G の座標を求めなさい。

辺 BC の中点 M の座標は，$\left( \dfrac{\underline{23}}{2}, \dfrac{\underline{24}}{2} \right)$

重心 G の座標を $(x, y)$ とすると，G は線分 AM を 2 : 1 に

内分するから，

$$x = \frac{1 \times x_1 + 2 \times \dfrac{x_2 + x_3}{2}}{2 + 1} = \frac{\underline{25}}{3}$$

$$y = \frac{1 \times y_1 + 2 \times \dfrac{y_2 + y_3}{2}}{2 + 1} = \frac{\underline{26}}{3}$$

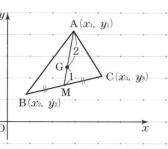

よって，G$\left( \dfrac{x_1 + x_2 + x_3}{3}, \dfrac{y_1 + y_2 + y_3}{3} \right)$

重要
3 点 A$(x_1, y_1)$, B$(x_2, y_2)$, C$(x_3, y_3)$
を頂点とする△ABC の重心の座標は，
$$\left( \frac{x_1 + x_2 + x_3}{3}, \frac{y_1 + y_2 + y_3}{3} \right)$$

No.

Date

数 II
MATHEMATICS II

THE LOOSE-LEAF STUDY GUIDE
FOR HIGH SCHOOL STUDENTS

THEME **直線の方程式**

● 点 $(x_1,\ y_1)$ を通り，傾きが $m$ の直線の方程式は，$y-y_1=m(x-x_1)$

● 異なる 2 点 $(x_1,\ y_1)$，$(x_2,\ y_2)$ を通る直線の方程式は，

　　$x_1 \neq x_2$ のとき，$y-y_1=\dfrac{y_2-y_1}{x_2-x_1}(x-x_1)$

　　$x_1=x_2$ のとき，$x=x_1$　　→点 $(x_1,\ 0)$ を通り，$x$ 軸に垂直な直線

## 傾きが $m$ の直線の方程式

● 点 $(1,\ -3)$ を通り，傾きが 2 の直線の方程式を求めなさい。

$$y-(\ \boxed{01}\ \ )=2(x-\boxed{02}\ \ )$$　←$y-y_1=m(x-x_1)$

$$y=\boxed{03}$$

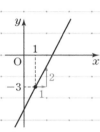

## 2 点を通る直線の方程式

次の 2 点を通る直線の方程式を求めなさい。

**1** $(-2,\ 8)$，$(9,\ -3)$

$$y-8=\dfrac{-3-\boxed{04}}{9-(\ \boxed{05}\ )}\{x-(-2)\}$$　←$y-y_1=\dfrac{y_2-y_1}{x_2-x_1}(x-x_1)$

$$y=\boxed{06}$$

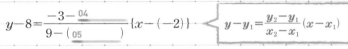

**2** $(4,\ -3)$，$(4,\ 3)$

　　$x$ 座標が 4 で等しいから，この直線は $x$ 軸に垂直で，$x=\boxed{07}$

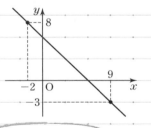
点 $(0,\ y_1)$ を通り，$y$ 軸に
垂直な直線の方程式は $y=y_1$

## $x$ 切片が $a$，$y$ 切片が $b$ の直線

● $a \neq 0$，$b \neq 0$ とするとき，$x$ 切片が $a$，$y$ 切片が $b$ の直線の方程式は，$\dfrac{x}{a}+\dfrac{y}{b}=1$ で表されることを示

しなさい。

　　この直線は 2 点 $(\ \boxed{08}\ \ ,\ 0)$，$(0,\ \boxed{09}\ \ )$ を通るから，

$$y-b=\dfrac{b-0}{0-a}(x-0),\ \ y-b=-\dfrac{b}{a}x,\ \ y+\dfrac{b}{a}x=b$$

**重要**
直線が $x$ 軸，$y$ 軸とそれぞれ
点 $(a,\ 0)$，$(0,\ b)$ で交わるとき，
$a$ を $x$ 切片，$b$ を $y$ 切片という。

　　両辺を $b$ で割ると，$\dfrac{x}{a}+\dfrac{y}{b}=1$

解法 CHECK

異なる2直線 $y=m_1x+k_1$, $y=m_2x+k_2$ について，
$$\begin{cases} 2\text{直線が平行} \iff m_1=m_2 \\ 2\text{直線が垂直} \iff m_1m_2=-1 \end{cases}$$

証明

原点 O を通る傾き $m$ の直線を $\ell$，$\ell$ に垂直な直線を $\ell'$ とする。

右の図のように，直線 $x=1$ と $\ell$，$\ell'$，$x$ 軸との交点をそれぞれ A，B，C とする。

$\triangle OCA \infty \triangle BCO$ だから，

$OC:BC=AC:OC$,　$1:BC=$ 01 _____ : 1,　$BC=$ 02 _____

　　└ AC は点 A の $y$ 座標

これより，直線 $\ell'$ の傾きは 03 _____

$m \times \left(-\dfrac{1}{m}\right)=-1$ より，2直線が垂直のとき，それぞれの傾きの積は $-1$

2 直線の平行・垂直

**1** 点 $(2, -4)$ を通り，直線 $x+2y-8=0$ に平行な直線 $\ell$ の方程式を求めなさい。

直線 $x+2y-8=0$ の傾きは 04 _____ ← $2y=-x+8$, $y=-\dfrac{1}{2}x+4$

直線 $\ell$ の傾きは 05 _____ < 2直線が平行→傾きが等しい

直線 $\ell$ の方程式は，$y-(-4)=$ 06 _____ $(x-2)$ ← $y-y_1=m(x-x_1)$

すなわち，07 _____ $=0$ ← $ax+by+c=0$ の形で表す

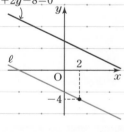

**2** 点 $(6, 5)$ を通り，直線 $3x+2y-12=0$ に垂直な直線 $\ell$ の方程式を求めなさい。

直線 $3x+2y-12=0$ の傾きは 08 _____ ← $2y=-3x+12$, $y=-\dfrac{3}{2}x+6$

直線 $\ell$ の傾きは 09 _____ < 2直線が垂直→傾きの積が $-1$

直線 $\ell$ の方程式は，$y-5=$ 10 _____ $(x-6)$

すなわち，11 _____ $=0$ ← $ax+by+c=0$ の形で表す

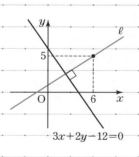

No.
Date

数 II
MATHEMATICS II

THE LOOSE-LEAF STUDY GUIDE
FOR HIGH SCHOOL STUDENTS

# THEME 直線に関して対称な点

### 解法 CHECK

2 点 A，B が直線 $\ell$ に関して対称であるのは，
次の❶，❷が成り立つときである。

❶直線 AB は $\ell$ に垂直である。

❷線分 AB の中点は $\ell$ 上にある。

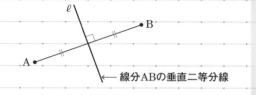

← 線分ABの垂直二等分線

## 直線に関して対称な点の座標

● 直線 $x-2y+7=0$ を $\ell$ とする。直線 $\ell$ に関して点 A$(2,\ 7)$ と対称な点 B の座標を求めなさい。

点 B の座標を $(a,\ b)$ とする。

**手順1** ❶直線 AB は $\ell$ に垂直であることから，方程式を作る。

直線 $\ell$ の傾きは $\dfrac{1}{2}$ ← $2y=x+7,\ \therefore y=\dfrac{1}{2}x+\dfrac{7}{2}$

直線 AB の傾きは，$\dfrac{\boxed{01}}{a-2}$

AB⊥$\ell$ だから，

$$\frac{1}{2}\times\frac{\boxed{02}}{a-2}=\boxed{03}$$

> 2 直線が垂直
> →傾きの積が $-1$

これを整理して，$2a+b-11=0$ ……①

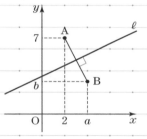

**手順2** ❷線分 AB の中点は $\ell$ 上にあることから，方程式を作る。

線分 AB の中点の座標は $\left(\dfrac{a+2}{2},\ \boxed{04}\right)$

この中点は直線 $\ell$ 上にあるから，

$$\frac{a+2}{2}-2\times\boxed{05}+7=0$$

これを整理して，$a-2b+2=0$ ……②

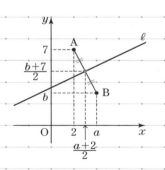

**手順3** ①，②を連立させた方程式を解くと，

$a=\boxed{06}$ ，$b=\boxed{07}$

したがって，点 B の座標は，$(\boxed{08}\ ,\ \boxed{09})$

THEME **点と直線の距離**

●原点と直線 $ax+by+c=0$ の距離 $d$ は, $d=\dfrac{|c|}{\sqrt{a^2+b^2}}$

●点 $(x_1,\ y_1)$ と直線 $ax+by+c=0$ の距離 $d$ は, $d=\dfrac{|ax_1+by_1+c|}{\sqrt{a^2+b^2}}$

## 原点と直線の距離

●原点 O と直線 $3x+4y-5=0$ の距離 $d$ を求めなさい。

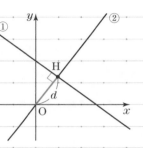

$3x+4y-5=0$ ……①

直線①の傾きは $-\dfrac{3}{4}$ だから,原点 O を通り直線①に垂直な直線の

方程式は, $y=\underline{\ ^{01}\qquad}x$ ◁ 2直線が垂直→傾きの積が $-1$

すなわち, $4x-3y=0$ ……②

2直線①,②の交点を $\mathrm{H}(x,\ y)$ とする。

①×3+②×4 より, $3^2x+4^2x=3\cdot5$, $x=\dfrac{\ ^{02}\qquad}{3^2+4^2}$ ←①×3…3·3x+3·4y=3·5
②×4…4·4x−4·3y=4·0

これを $y=\dfrac{4}{3}x$ に代入して, $y=\dfrac{4}{3}\times\dfrac{\ ^{03}\qquad}{3^2+4^2}=\dfrac{\ ^{04}\qquad}{3^2+4^2}$

よって, $d=\sqrt{x^2+y^2}=\sqrt{\dfrac{(3^2+4^2)5^2}{(3^2+4^2)^2}}=\dfrac{\sqrt{5^2}}{\sqrt{3^2+4^2}}=\dfrac{5}{\sqrt{3^2+4^2}}=\underline{\ ^{05}\qquad}$

└─ $d=\dfrac{|c|}{\sqrt{a^2+b^2}}$ が成り立つ

## 点と直線の距離

●点 $(3,\ -4)$ と直線 $2x-y+5=0$ の距離 $d$ を求めなさい。

$d=\dfrac{|2\cdot{}^{06}\underline{\qquad}+(-1)\cdot({}^{07}\underline{\qquad})+{}^{08}\underline{\qquad}|}{\sqrt{2^2+(-1)^2}}$ ◁ $d=\dfrac{|ax_1+by_1+c|}{\sqrt{a^2+b^2}}$

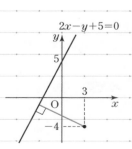

$2x-y+5=0$

$=\dfrac{|\,^{09}\underline{\qquad}|}{\sqrt{5}}$

$=\underline{\ ^{10}\qquad}$

No.

Date

数 II
MATHEMATICS II

THE LOOSE-LEAF STUDY GUIDE
FOR HIGH SCHOOL STUDENTS

# THEME 円の方程式

## 公式 CHECK

点 $(a, b)$ を中心とする半径 $r$ の円の方程式は，$(x-a)^2+(y-b)^2=r^2$

特に，原点を中心とする半径 $r$ の円の方程式は，$x^2+y^2=r^2$

### 証明

座標平面上で，点 $C(a, b)$ を中心とする半径 $r$ の円で，その円上の

点 P の座標を $(x, y)$ とする。

└─ 点 P は CP＝$r$ を満たす点全体の集合

2 点間の距離より，

$CP=\sqrt{(\underline{\quad 01 \quad})^2+(\underline{\quad 02 \quad})^2}$ ◁ $\sqrt{(x_2-x_1)^2+(y_2-y_1)^2}$

また，$CP=r$

よって，$(x-a)^2+(y-b)^2=r^2$

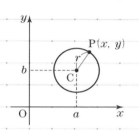

## 円の方程式

次のような円の方程式を求めなさい。

**1** 中心が点 $(4, -2)$，半径が 3

$(x-4)^2+\{y-(-2)\}^2=\underline{03}^2$

よって，円の方程式は，

$\underline{\quad 04 \quad}$

└─• $(x-a)^2+(y-b)^2=r^2$

**2** 中心が原点，半径が $\sqrt{6}$

$x^2+y^2=(\underline{05})^2$

よって，円の方程式は，

$\underline{\quad 06 \quad}$

└─• $x^2+y^2=r^2$

## A，B を直径の両端とする円の方程式

● 2 点 A$(-1, 3)$，B$(7, 9)$ を直径の両端とする円の方程式を求めなさい。

求める円の中心を $C(a, b)$，半径を $r$ とする。

点 C は線分 AB の中点だから，

$a=\dfrac{-1+7}{2}=\underline{07}$ ， $b=\dfrac{3+9}{2}=\underline{08}$ ◁ 中点の座標 $\left(\dfrac{x_1+x_2}{2}, \dfrac{y_1+y_2}{2}\right)$

すなわち，$C(\underline{09}, \underline{10})$

半径 $r$ は，2 点 C，B 間の距離だから，

$r=\sqrt{(7-3)^2+(9-6)^2}=\sqrt{\underline{11}}=\underline{12}$

よって，円の方程式は，$\underline{\qquad 13 \qquad}=25$

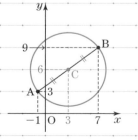

## $x^2+y^2+lx+my+n=0$ の表す図形

**重要** 一般に，円の方程式は，$l$，$m$，$n$ を定数として，$x^2+y^2+lx+my+n=0$ の形で表される。

● 方程式 $x^2+y^2-8x+6y-24=0$ はどんな図形を表すか。

この方程式を変形すると，

$$(x^2-8x+16)-16+(y^2+6y+9)-9-24=0$$

平方完成

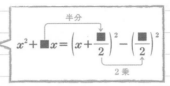

$$x^2+■x=\left(x+\frac{■}{2}\right)^2-\left(\frac{■}{2}\right)^2$$
半分　2乗

$$(x-4)^2+(y+3)^2-49=0$$

$$(x-4)^2+(y+3)^2=7^2$$

> $x$ の2次式 $ax^2+bx+c$ を $a(x+■)^2+●$ の形に変形することを平方完成という。

よって，中心が点（ _14_ ，_15_ ），半径が _16_ の円である。

## 3点を通る円の方程式

● 3点 A$(1,~5)$，B$(-3,~-1)$，C$(2,~0)$ を通る円の方程式を求めなさい。

求める円の方程式を $x^2+y^2+lx+my+n=0$ とする。

3点を通る円の方程式の表し方

**手順1** 円の方程式に通る点の座標を代入して，$l$，$m$，$n$ についての方程式を作る。

点 A を通るから，$1^2+5^2+l+5m+n=0$

$$l+5m+n+26=0 \qquad \cdots\cdots①$$

点 B を通るから，$(-3)^2+(-1)^2-3l-m+n=0$

$$-3l-m+n+10=0 \qquad \cdots\cdots②$$

点 C を通るから，$2^2+0^2+2l+n=0$

$$2l+n+4=0 \qquad \cdots\cdots③$$

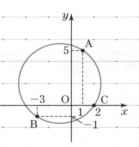

**手順2** ①，②，③を連立方程式として解いて，$l$，$m$，$n$ を求める。

③－①より，$l-5m-22=0 \qquad \cdots\cdots④$

③－②より，$5l+m-6=0 \qquad \cdots\cdots⑤$

④＋⑤×5 より，$26l-52=0$，$l=$ _17_

$l=2$ を⑤に代入すると，$5\cdot2+m-6=0$，$m=$ _18_

$l=2$ を③に代入すると，$2\cdot2+n+4=0$，$n=$ _19_

**手順3** よって，円の方程式は，_20_

> **重要** △ABC の3つの頂点 A，B，C を通る円を △ABC の外接円といい，外接円の中心を △ABC の外心という。

No.

数 II

MATHEMATICS II

Date

THE LOOSE-LEAF STUDY GUIDE
FOR HIGH SCHOOL STUDENTS

## THEME 円と直線

### 解法 CHECK

円の方程式と直線の方程式から $y$ を消去して得られる $x$ の 2 次方程式を $ax^2+bx+c=0$ とする。
また，2 次方程式 $ax^2+bx+c=0$ の判別式を $D$ とする。

| $D$ の符号 | $D>0$ | $D=0$ | $D<0$ |
|---|---|---|---|
| $ax^2+bx+c=0$ の実数解 | 異なる 2 つの実数解 | 重解（1 つの実数解） | 実数解をもたない |
| 円と直線の位置関係 | 異なる 2 点で交わる | 接する | 共有点をもたない |
| | 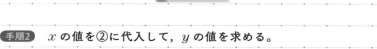 | | |
| $d$ と $r$ の大小 | $d<r$ | $d=r$ | $d>r$ |
| 共有点の個数 | 2 個 | 1 個 | 0 個 |

### 円と直線の共有点の座標

●円 $x^2+y^2=20$ と直線 $y=x+2$ の共有点の座標を求めなさい。

$$\begin{cases} x^2+y^2=20 & \cdots\cdots ① \\ y=x+2 & \cdots\cdots ② \end{cases}$$

円と直線の共有点の座標は，円と直線の
方程式を連立方程式とみたときの実数解。

**手順1** ②を①に代入して $y$ を消去して，$x$ についての 2 次方程式を作り解く。

$$x^2+(x+2)^2=20$$

整理すると，$x^2+$ ___01___ $=0$ ← $x^2+x^2+4x+4-20=0,\ 2x^2+4x-16=0$

$(x+$ ___02___ $)(x-$ ___03___ $)=0$

これを解くと，$x=$ ___04___

**手順2** $x$ の値を②に代入して，$y$ の値を求める。

$x=-4$ のとき，$y=-4+2=$ ___05___

$x=2$ のとき，$y=2+2=$ ___06___

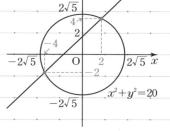

**手順3** よって，共有点の座標は，

( ___07___ )，( ___08___ )

## 円と直線の共有点の個数

重要

判別式 $D$ の符号と
円と直線の共有点の個数

❶ $D>0 \iff$ 共有点は 2 個
❷ $D=0 \iff$ 共有点は 1 個
❸ $D<0 \iff$ 共有点は 0 個

円 $x^2+y^2=5$ ……① と次の直線の共有点の個数を求めなさい。

**1** $y=x-2$ ……②

②を①に代入して，$x^2+(x-2)^2=5$

整理すると，$2x^2-4x-1=0$ ← $x^2+x^2-4x+4=5$

$\dfrac{D}{4}=(-2)^2-2\cdot(-1)=$ 09  $\left\{ \dfrac{D}{4}=b'^2-ac \right.$

$D$ 10     $0$ だから，共有点は 11     個。

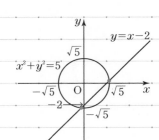

---

別解

 $y=x-2$ を $ax+by+c=0$ の形で表す

円の中心は原点で，原点と直線 $x-y-2=0$ の距離 $d$ は，

$d=\dfrac{|-2|}{\sqrt{1^2+(-1)^2}}=\dfrac{2}{\sqrt{2}}=$ 12    $\left\{ d=\dfrac{|c|}{\sqrt{a^2+b^2}} \right.$

円の半径 $r$ は 13     だから，$d$ 14     $r$ より，共有点は 2 個。

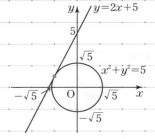

**2** $y=2x+5$ ……③

③を①に代入して，$x^2+(2x+5)^2=5$ ← $x^2+4x^2+20x+25=5$

整理すると，$5x^2+20x+20=0$，$x^2+4x+4=0$

$\dfrac{D}{4}=2^2-1\cdot4=$ 15

$D$ 16     $0$ だから，共有点は 17     個。

重要

円と直線がただ 1 点を共有するとき，円と直線は接すると
いい，この直線を円の接線，共有点を接点という。

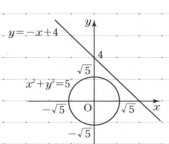

**3** $y=-x+4$ ……④

④を①に代入して，$x^2+(-x+4)^2=5$ ← $x^2+x^2-8x+16=5$

整理すると，$2x^2-8x+11=0$

$\dfrac{D}{4}=(-4)^2-2\cdot11=$ 18

$D$ 19     $0$ だから，共有点は 20     個。

No.

Date

数 II

MATHEMATICS II

THE LOOSE-LEAF STUDY GUIDE
FOR HIGH SCHOOL STUDENTS

THEME **円の接線の方程式**

公式 CHECK

円 $x^2+y^2=r^2$ 上の点 $\mathrm{P}(p, q)$ における接線の方程式は，

$px+qy=r^2$

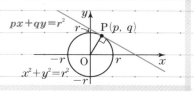

## 円 の 接 線 の 方 程 式

●円 $x^2+y^2=(\sqrt{13})^2$ 上の点 $\mathrm{P}(2, 3)$ における接線 $\ell$ の方程式を求めなさい。

直線 OP の傾きは $\dfrac{3}{2}$ だから，$\ell$ の傾きは ⟨01⟩ ⟨傾きの積が $-1$⟩

直線 $\ell$ は点 $\mathrm{P}(2, 3)$ を通るから，$\ell$ の方程式は，

$y-3=$ ⟨02⟩ $(x-2)$ ⟨$y-y_1=m(x-x_1)$⟩

これを整理して，⟨03⟩ $x+$ ⟨04⟩ $y=13$

すなわち，$\underline{2x+3y=(\sqrt{13})^2}$
　　　　　↳ $px+qy=r^2$

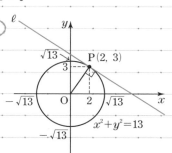

## 円 の 接 線 の 方 程 式 の 公 式

次の円上の点 P における接線 $\ell$ の方程式を求めなさい。

$px+qy=r^2$ に点 P の座標を代入する。

**1** $x^2+y^2=20$，点 $\mathrm{P}(4, -2)$

⟨05⟩ $\cdot x+($ ⟨06⟩ $)y=20$

$4x-2y=20$

⟨07⟩ $=10$

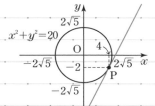

**2** $x^2+y^2=9$，点 $\mathrm{P}(-3, 0)$

$-3\cdot x+0\cdot y=9$

$-3x=9$

$x=$ ⟨08⟩

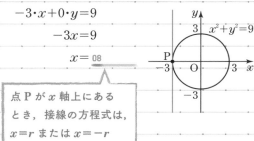

点 P が $x$ 軸上にある
とき，接線の方程式は，
$x=r$ または $x=-r$

**3** $x^2+y^2=8$，点 $\mathrm{P}(0, 2\sqrt{2})$

$0\cdot x+2\sqrt{2}\cdot y=8$

$2\sqrt{2}\,y=8$

$y=$ ⟨09⟩

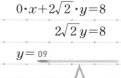

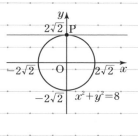

点 P が $y$ 軸上にある
とき，接線の方程式は，
$y=r$ または $y=-r$

## 円の外部の点から引いた接線

● 点 A$(3, 1)$ を通り，円 $x^2+y^2=5$ に引いた接線 $\ell$ の方程式と接点の座標を求めなさい。

接点を P$(p, q)$ とする。

点 P は円上にあるから，$p^2+q^2=5$　　　　……①

点 P における接線 $\ell$ の方程式は，

$px+qy=5$ ◁ $\boxed{px+qy=r^2}$　　　　……②

直線②は点 A$(3, 1)$ を通るから，$3p+q=5$　……③

③を①に代入して，$q$ を消去して整理すると，

$p^2+($ [10]　　　　$)^2=5$

└ $3p+q=5$ を $q$ について解く

$p^2-3p+2=0$ ─ $(p-1)(p-2)=0$

これを解くと，$p=$ [11]

$p=1$ のとき，$q=$ [12]　　，$p=2$ のとき，$q=$ [13]

よって，接線の方程式と接点 P の座標は，

$\begin{cases} 接線 [14] & , 接点 ( [15] \quad ) \\ 接線 [16] & , 接点 ( [17] \quad ) \end{cases}$

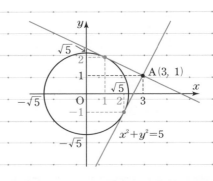

## $(x-a)^2+(y-b)^2=r^2$ への接線

● 円 $(x-2)^2+(y-3)^2=25$ 上の点 A$(-2, 6)$ における接線 $\ell$ の方程式を求めなさい。

円の中心を C$(2, 3)$ とする。

直線 CA の傾きは，$\dfrac{3-6}{2-(-2)}=$ [18] ← $\dfrac{y_2-y_1}{x_2-x_1}$

CA⊥$\ell$ より，直線 $\ell$ の傾きは [19] ◁ $\boxed{\text{CA の傾き} \times \ell \text{の傾き} =-1}$

よって，直線 $\ell$ は，点 A$(-2, 6)$ を通り，傾きが [20]　　の直線だから，

$y-6=$ [21]　　$\{x-(-2)\}$ ◁ $\boxed{y-y_1=m(x-x_1)}$

$y=$ [22]

## THEME　2 つの円

### 解法 CHECK

2 つの円の位置関係には，次の❶〜❺の場合がある。ただし，$r > r'$ とする。

**❶ 一方が他方の外部にある**

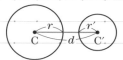

$d > r + r'$

**❷ 外接する（1 点を共有する）**

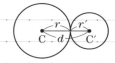

$d = r + r'$

**❸ 2 点で交わる**

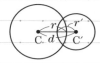

$r - r' < d < r + r'$

**❹ 内接する（1 点を共有する）**

$d = r - r'$

**❺ 一方が他方の内部にある**

$d < r - r'$

### 2 つの円の位置関係

円 $x^2 + y^2 = 9$ ……① と次の円について，その位置関係を調べなさい。

**1**　$(x-5)^2 + (y-2)^2 = 16$ ……②

円①は中心が原点，半径が 01　　　　 の円。

円②は中心が点 $(5, 2)$，半径が 02　　　　 の円。

円①と②の中心間の距離 $d$ は，

$d = \sqrt{5^2 + 2^2} = \sqrt{29}$

2 つの円の半径の差は 03　　　　，半径の和は 04　　　

これより，半径の差 $< d <$ 半径の和　←$1 < \sqrt{29} < 7$

よって，円①，②は 05　　　　　　　　。

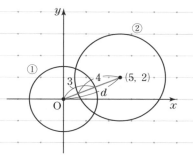

**2**　$(x-4)^2 + (y+3)^2 = 4$ ……③

円③は中心が点 $(4, -3)$，半径が 06　　　　 の円。

円①と③の中心間の距離 $d$ は，

$d = \sqrt{4^2 + (-3)^2} = $ 07　　　　

2 つの円の半径の差は 08　　　　，半径の和は 09

これより，半径の和 $= d$

よって，円①，③は 10　　　　　　　　。

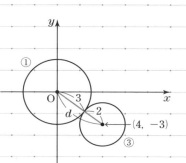

## 2 つの円の外接

●中心が点 C$(3, 3\sqrt{2})$ である円と，円 $x^2+y^2=3$ が外接するとき，円 C の方程式を求めなさい。

2 つの円の中心間の距離 OC は，

$$\sqrt{3^2+(3\sqrt{2})^2}=\sqrt{\boxed{11}}=\boxed{12}$$

←原点と点 C$(3, 3\sqrt{2})$ 間の距離

2 つの円が外接するとき，円 C の半径を $r$ とすると，

$$\boxed{13} = r+\sqrt{3}$$

< 2 つの円の中心間の距離＝半径の和

$$r=\boxed{14}$$

よって，円 C の方程式は，

$$(x-\boxed{15})^2+(y-\boxed{16})^2=(\boxed{17})^2$$

$$(x-3)^2+(y-3\sqrt{2})^2=\boxed{18}$$

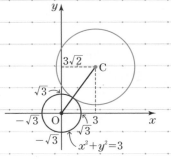

## 2 つの円の共有点の座標

● 2 つの円 $x^2+y^2=25$ と $x^2+y^2-14x+2y+25=0$ の共有点の座標を求めなさい。

2 つの円が共有点をもつとき，その共有点の座標は，2 つの円の方程式を連立させた連立方程式の実数解である。

連立方程式 $\begin{cases} x^2+y^2-25=0 & \cdots\cdots① \\ x^2+y^2-14x+2y+25=0 & \cdots\cdots② \end{cases}$ を解くと，

①−②より，$14x-2y-50=0$

$$y=\boxed{19} \qquad \cdots\cdots③$$ ←$y$ について解く

③を①に代入すると，

$$x^2+(\boxed{20})^2-25=0$$

$$50x^2-350x+600=0$$

$$x^2-7x+12=0$$

$$(x-\boxed{21})(x-\boxed{22})=0$$

$$x=\boxed{23}$$

$x$ の値を③に代入すると，

$x=3$ のとき，$y=7\times3-25=\boxed{24}$

$x=4$ のとき，$y=7\times4-25=\boxed{25}$

よって，共有点の座標は，$(\boxed{26})$，$(\boxed{27})$

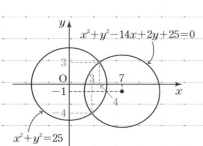

# THEME 軌跡と方程式

**解法 CHECK**

座標を用いて点 P の軌跡を求める手順

❶ 条件を満たす点 P の座標を $(x, y)$ として，P についての条件を $x, y$ の関係式で表す。

❷ ❶の関係式が表す図形を調べる。

❸ 逆に，❷の図形上のすべての点 P が，与えられた条件を満たすかどうか調べる。

## 2点からの距離の比が一定な点

● 点 A$(-2, 0)$ からの距離と点 B$(4, 0)$ からの距離の比が $2:1$ である点 P の軌跡を求めなさい。

**手順1** 点 P の座標を $(x, y)$ とする。

AP : BP$=2:1$ より，AP$=$ 01 ____ BP

AP$^2=$ 02 ____ BP$^2$

> AP＝BP では扱いにくいので，平方して考える。 **注意**

AP$^2$, BP$^2$ を $x, y$ を用いて表すと，

AP$^2=\{x-(-2)\}^2+y^2$

$= (x+2)^2+y^2$ ……①

> 2点間の距離
> $\sqrt{(x_2-x_1)^2+(y_2-y_1)^2}$

BP$^2= (x-4)^2+y^2$ ……②

AP$^2=4$BP$^2$ に①，②を代入すると，

$(x+2)^2+y^2=4\{(x-4)^2+y^2\}$

整理すると，$x^2-12x+y^2+20=0$

$(x^2-12x+36)+y^2-16=0$

$(x-$ 03 ____ $)^2+y^2=$ 04 ____ $^2$

**手順2** よって，点 P は円 05 _____ 上にある。

> 円の方程式
> $(x-a)^2+(y-b)^2=r^2$

**手順3** 逆に，この円上のすべての点 P$(x, y)$ は，条件を満たす。

よって，点 P の軌跡は，点$($ 06 ____ $)$を中心とする半径 07 ____ の円である。

> └ 線分 AB を $2:1$ に内分する点は点$(2, 0)$，$2:1$ に外分する点は点$(10, 0)$
> この 2 点を直径の両端とする円になる

**重要**

2点 A, B からの距離の比が $m:n$ である点 P の軌跡は，

$m\neq n$ のとき，線分 AB を $m:n$ に内分する点と外分する点を直径の両端とする円になる。

この円をアポロニウスの円という。

$m=n$ のとき，線分 AB の垂直二等分線になる。

---

### 解法 CHECK

座標平面上で，$x$，$y$ の不等式を満たす点 $(x, y)$ 全体の集合を，その不等式の表す領域という。

**直線と領域**

❶不等式 $y > mx + k$ の表す領域は，

　直線 $y = mx + k$ の上側の部分。

❷不等式 $y < mx + k$ の表す領域は，

　直線 $y = mx + k$ の下側の部分。

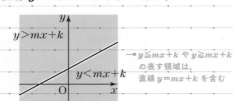

→ $y \leqq mx + k$ や $y \geqq mx + k$
　の表す領域は，
　直線 $y = mx + k$ を含む

**円と領域**

❶不等式 $x^2 + y^2 < r^2$ の表す領域は，

　円 $x^2 + y^2 = r^2$ の内部。

❷不等式 $x^2 + y^2 > r^2$ の表す領域は，

　円 $x^2 + y^2 = r^2$ の外部。

→ $x^2 + y^2 \leqq r^2$ や $x^2 + y^2 \geqq r^2$
　の表す領域は，
　円 $x^2 + y^2 = r^2$ を含む

---

## 直線と領域

●不等式 $2x + 3y - 18 > 0$ の表す領域を図示しなさい。

不等式を変形すると，$y >$ 01 ＿＿＿＿＿　　　　← $y > mx + k$ の形で表す

この不等式の領域は，直線 $y = -\dfrac{2}{3}x + 6$ の 02 ＿＿＿＿＿＿ の部分で，

右の図の斜線部分である。

ただし，境界線を 03 ＿＿＿＿＿＿。

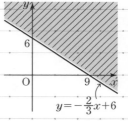

$y = -\dfrac{2}{3}x + 6$

---

## 円と領域

●不等式 $x^2 - 6x + y^2 + 8y \leqq 0$ の表す領域を図示しなさい。

不等式を変形すると，

$(x^2 - 6x + 9) - 9 + (y^2 + 8y + 16) - 16 \leqq 0$

　　　04 ＿＿＿＿＿＿＿ $\leqq 25$

この不等式の領域は，円 $(x - 3)^2 + (y + 4)^2 = 25$ および

その 05 ＿＿＿＿＿ で，右の図の斜線部分である。

ただし，境界線を 06 ＿＿＿＿＿。

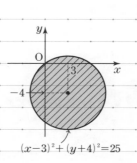

$(x - 3)^2 + (y + 4)^2 = 25$

No.

Date

数II

MATHEMATICS II

THE LOOSE-LEAF STUDY GUIDE
FOR HIGH SCHOOL STUDENTS

## THEME 連立不等式の表す領域

**解法 CHECK**

連立不等式 $\begin{cases} x-y-2<0 \\ x+y-4<0 \end{cases}$ の表す領域

不等式 $\underline{x-y-2<0}$ の
$\quad\quad\quad\quad \rightarrow y>x-2$
表す領域 $A$

不等式 $\underline{x+y-4<0}$ の
$\quad\quad\quad\quad \rightarrow y<-x+4$
表す領域 $B$

連立不等式の表す領域は，
$A$ と $B$ に共通する部分（斜線部分）

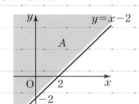
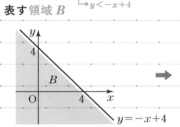
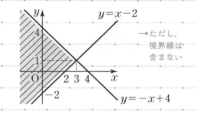

→ただし，
境界線は
含まない

### 積の形で表された不等式の表す領域

**重要**

❶ $AB>0 \iff \begin{cases} A>0 \\ B>0 \end{cases}$ または $\begin{cases} A<0 \\ B<0 \end{cases}$  ❷ $AB<0 \iff \begin{cases} A>0 \\ B<0 \end{cases}$ または $\begin{cases} A<0 \\ B>0 \end{cases}$

●不等式 $(x-y+1)(x+y-5)<0$ の表す領域を図示しなさい。

不等式 $(x-y+1)(x+y-5)<0$ が成り立つということは，

$\begin{cases} x-y+1>0 \\ x+y-5\ \underline{01}\ 0 \end{cases}$ または $\begin{cases} x-y+1\ \underline{02}\ 0 \\ x+y-5\ \underline{03}\ 0 \end{cases}$  $\begin{cases} y<x+1 \\ y<-x+5 \end{cases}$ または $\begin{cases} y>x+1 \\ y>-x+5 \end{cases}$

**手順1**

連立不等式 $\begin{cases} x-y+1>0 \\ x+y-5<0 \end{cases}$ の表す領域は，下の図の斜線部分である。
ただし，境界線は含まない。

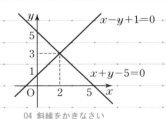

04 斜線をかきなさい

**手順2**

連立不等式 $\begin{cases} x-y+1<0 \\ x+y-5>0 \end{cases}$ の表す領域は，下の図の斜線部分である。
ただし，境界線は含まない。

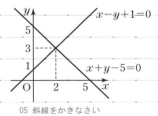

05 斜線をかきなさい

**手順3**

求める領域は，この2つの領域を合わせたものだから，下の図の斜線部分である。
ただし，境界線は含まない。

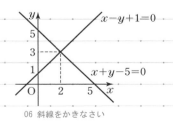

06 斜線をかきなさい

解法 CHECK

領域における $x+y$ の最大・最小を求める手順

❶連立不等式の表す領域を $A$ として，領域 $A$ を図示する。

❷$x+y=k$ とおいて，この直線が領域 $A$ と共有点をもつときの $k$ の値を調べる。

❸$k$ の値が最大のとき $x+y$ の値は最大，$k$ の値が最小のとき $x+y$ の値は最小となる。

## 領域の最大・最小

● $x$，$y$ が4つの不等式 $x≧0$，$y≧0$，$x+2y≦10$，$3x+2y≦18$ を同時に満たすとき，$x+y$ の最大値，最小値を求めなさい。

手順1　4つの不等式を同時に満たす領域 $A$ を求める。

$x+2y≦10$ より，$y≦-\dfrac{1}{2}x+5$

└● 直線 $y=-\dfrac{1}{2}x+5$ の下側の部分

$3x+2y≦18$ より，$y≦-\dfrac{3}{2}x+9$

└● 直線 $y=-\dfrac{3}{2}x+9$ の下側の部分

領域 $A$ は，4点

$(0，0)$，$(6，0)$，$(\underline{01}\qquad，\underline{02}\qquad)$，$(0，5)$

└● 2直線 $x+2y=10$，$3x+2y=18$ の交点

を頂点とする四角形の周およびその内部である。

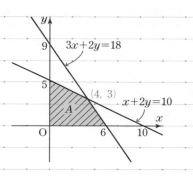

手順2　直線 $x+y=k$ が領域 $A$ と共有点をもつときの $k$ の値の最大値，最小値を調べる。

$x+y=k$ ……① とおくと，$y=-x+k$ より，

直線①は傾きが $-1$，$y$ 切片が $k$ の直線を表す。

領域 $A$ において，直線①が

点$(\underline{03}\qquad，\underline{04}\qquad)$ を通るとき $k$ は最大で，

$k=\underline{05}$

点$(\underline{06}\qquad，\underline{07}\qquad)$ を通るとき $k$ は最小で，

$k=\underline{08}$

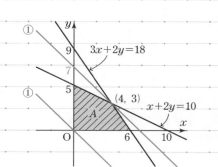

手順3　$x+y$ の最大値，最小値を求める。

よって，$x+y$ は，

$x=4$，$y=3$ のとき最大値 $\underline{09}\qquad$ をとり，$x=0$，$y=0$ のとき最小値 $\underline{10}\qquad$ をとる。

## THEME 角の拡張

**解法 CHECK**

弧度法 | ラジアンと度の換算（0°から180°まで）

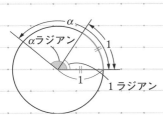

円において，半径と同じ長さの弧に対する中心角の大きさを1ラジアンまたは1弧度という。

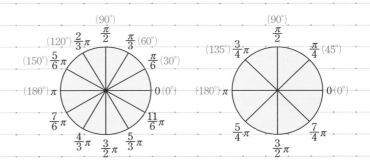

### 度数法と弧度法

度（°）を単位とする角の表し方を度数法といい，ラジアンを単位とする角の表し方を弧度法という。

**1** 150°を弧度法で表しなさい。

$$150° = 150 \times \frac{\pi}{180}\ _{01} = {}_{02}$$

1°＝$\frac{\pi}{180}$ ラジアンだから，$a° = a \times \frac{\pi}{180}$

弧度法では，単位のラジアンを省略することが多い

**2** $\frac{4}{3}\pi$ を度数法で表しなさい。

$$\frac{4}{3}\pi = \frac{4}{3} \times {}_{03}\ ° = {}_{04}\ °$$

πラジアン＝180°だから，$a\pi$ラジアン＝$a \times 180°$

### 弧度法と扇形

**重要** 半径 $r$，中心角 $\theta$（ラジアン）の扇形の弧の長さ $l$，面積 $S$ は，

弧の長さ… $l = r\theta$　　面積… $S = \frac{1}{2}r^2\theta$　または　$S = \frac{1}{2}lr$

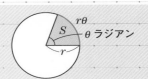

●半径 8，中心角 $\frac{3}{4}\pi$ の扇形の弧の長さ $l$ と面積 $S$ を求めなさい。

$$l = 8 \times {}_{05} = {}_{06} \qquad l = r\theta$$

$$S = \frac{1}{2} \times {}_{07}{}^2 \times \frac{3}{4}\pi = {}_{08} \qquad S = \frac{1}{2}r^2\theta$$

## 定義 CHECK

一般角 $\theta$ の正弦，余弦，正接

$$\sin\theta=\frac{y}{r}, \quad \cos\theta=\frac{x}{r}, \quad \tan\theta=\frac{y}{x}$$

$\sin\theta$，$\cos\theta$，$\tan\theta$ を，$\theta$ の三角関数という。

→ 点 P が $y$ 軸上にくるような角 $\theta$ について，$\tan\theta$ は定義されない

$\sin\theta$，$\cos\theta$，$\tan\theta$ の範囲

$-1\leqq\sin\theta\leqq1, \quad -1\leqq\cos\theta\leqq1, \quad \tan\theta$ の値の範囲は実数全体。

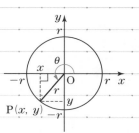

## 三角関数の値

● $\theta=\dfrac{7}{6}\pi$ のとき，$\sin\theta$，$\cos\theta$，$\tan\theta$ の値を求めなさい。

右の図で，円の半径が $r=2$ のとき，点 P の座標は

( 01 _____ , 02 _____ )

→ 円と $\dfrac{7}{6}\pi$ の動径の交点

$$\sin\frac{7}{6}\pi=\frac{y}{r}= \underset{03}{\underline{\hspace{4cm}}}$$

$$\cos\frac{7}{6}\pi=\frac{x}{r}= \underset{04}{\underline{\hspace{4cm}}}$$

$$\tan\frac{7}{6}\pi=\frac{y}{x}= \underset{05}{\underline{\hspace{4cm}}}$$

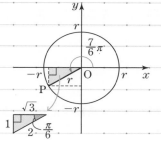

## 三角関数の値の符号

**重要** 三角関数 $\sin\theta$，$\cos\theta$，$\tan\theta$ の値の符号と象限

| | $\sin\theta$ | | $\cos\theta$ | | $\tan\theta$ |
|---|---|---|---|---|---|

$\sin\theta$

第2象限 $+$ | 第1象限 $+$
第3象限 $-$ | 第4象限 $-$

$\cos\theta$

第2象限 $-$ | 第1象限 $+$
第3象限 $-$ | 第4象限 $+$

$\tan\theta$

第2象限 $-$ | 第1象限 $+$
第3象限 $+$ | 第4象限 $-$

次の条件を満たすような $\theta$ の動径は，第何象限にあるか答えなさい。

**1** $\sin\theta>0$ かつ $\cos\theta<0$ となるのは，第 06 _____ 象限。

→ $\sin\theta>0$ → 第1象限と第2象限
$\cos\theta<0$ → 第2象限と第3象限

**2** $\cos\theta>0$ かつ $\tan\theta<0$ となるのは，第 07 _____ 象限。

No.

Date

数 II

MATHEMATICS II

THE LOOSE-LEAF STUDY GUIDE
FOR HIGH SCHOOL STUDENTS

THEME **三角関数の相互関係**

三角関数の相互関係

**❶** $\tan\theta=\dfrac{\sin\theta}{\cos\theta}$　　**❷** $\sin^2\theta+\cos^2\theta=1$　　**❸** $1+\tan^2\theta=\dfrac{1}{\cos^2\theta}$

## 三角関数の相互関係

**1** $\theta$ の動径が第3象限にあり，$\cos\theta=-\dfrac{4}{5}$ のとき，$\sin\theta$，$\tan\theta$ の値を求めなさい。

$\sin^2\theta+\cos^2\theta=1$ から，

$\sin^2\theta=1-\cos^2\theta=1-\left(-\dfrac{4}{5}\right)^2=$ ___01___

$\theta$ の動径が第3象限にあるとき，

$\sin\theta<0$ だから，

$\sin\theta=-\sqrt{\underset{02}{\hphantom{XXXX}}}=\underset{03}{\hphantom{XXXX}}$

$\tan\theta=\dfrac{\sin\theta}{\cos\theta}=\left(\underset{04}{\hphantom{XXXX}}\right)\div\left(-\dfrac{4}{5}\right)=\underset{05}{\hphantom{XXXX}}$

$\sin\theta<0$
$\cos\theta<0$
$\tan\theta>0$

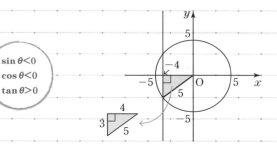

**2** $\theta$ の動径が第4象限にあり，$\tan\theta=-\sqrt{3}$ のとき，$\sin\theta$，$\cos\theta$ の値を求めなさい。

原点を中心とする半径1の
円を単位円という。

$1+\tan^2\theta=\dfrac{1}{\cos^2\theta}$ から，

$\cos^2\theta=\dfrac{1}{1+\tan^2\theta}=\dfrac{1}{1+(-\sqrt{3})^2}=\underset{06}{\hphantom{XXXX}}$

$\theta$ の動径が第4象限にあるとき，

$\cos\theta>0$ だから，

$\sin\theta<0$
$\cos\theta>0$
$\tan\theta<0$

$\cos\theta=\sqrt{\underset{07}{\hphantom{XXXX}}}=\underset{08}{\hphantom{XXXX}}$

$\sin\theta=\tan\theta\times\cos\theta=(-\sqrt{3})\times\underset{09}{\hphantom{XXXX}}=\underset{10}{\hphantom{XXXX}}$

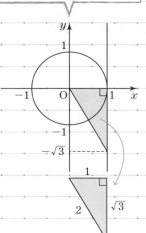

## 三角関数の式の値

$\sin\theta+\cos\theta=\sqrt{2}$ のとき，次の式の値を求めなさい。

**1** $\sin\theta\cos\theta$

$\sin\theta+\cos\theta=\sqrt{2}$ の両辺を2乗すると，$(\sin\theta+\cos\theta)^2=(\sqrt{2})^2$

$$\sin^2\theta+2\sin\theta\cos\theta+\cos^2\theta=\underline{\phantom{11}}_{11}$$

$$\underline{\phantom{12}}_{12}+2\sin\theta\cos\theta=2 \qquad \boxed{\sin^2\theta+\cos^2\theta=1}$$

$$\sin\theta\cos\theta=\underline{\phantom{13}}_{13}$$

**2** $\sin^3\theta+\cos^3\theta=(\sin\theta+\cos\theta)(\sin^2\theta-\sin\theta\cos\theta+\cos^2\theta) \quad \boxed{a^3+b^3=(a+b)(a^2-ab+b^2)}$

$$=\sqrt{2}\left(1-\underline{\phantom{14}}_{14}\right)=\underline{\phantom{15}}_{15}$$
$$\underset{\bullet\,\sin\theta\cos\theta}{}$$

別解

$\sin^3\theta+\cos^3\theta=(\sin\theta+\cos\theta)^3-3\sin\theta\cos\theta(\sin\theta+\cos\theta)$

$$=(\sqrt{2})^3-3\times\underline{\phantom{16}}_{16}\times\sqrt{2}=\underline{\phantom{17}}_{17}$$
$$\underset{\bullet\,\sin\theta\cos\theta}{}$$

**3** $\tan\theta+\dfrac{1}{\tan\theta}=\dfrac{\sin\theta}{\cos\theta}+\dfrac{\cos\theta}{\sin\theta} \quad \boxed{\tan\theta=\dfrac{\sin\theta}{\cos\theta}}$

$$=\dfrac{\sin^2\theta+\cos^2\theta}{\sin\theta\cos\theta}$$

$$=1\div\underline{\phantom{18}}_{18}=\underline{\phantom{19}}_{19}$$
$$\underset{\bullet\,\sin\theta\cos\theta}{}$$

## 三角関数を含む等式の証明

三角関数を含む等式の証明は，三角関数の相互関係を利用して，左辺を変形して右辺を導く。

●等式 $\dfrac{1}{1+\sin\theta}+\dfrac{1}{1-\sin\theta}=\dfrac{2}{\cos^2\theta}$ を証明しなさい。

証明

$$左辺=\dfrac{(1-\sin\theta)+(\underline{\phantom{20}}_{20})}{(1+\sin\theta)(1-\sin\theta)}=\dfrac{2}{1-\underline{\phantom{21}}_{21}}=\dfrac{2}{\underline{\phantom{22}}_{22}}=右辺$$

よって，$\dfrac{1}{1+\sin\theta}+\dfrac{1}{1-\sin\theta}=\dfrac{2}{\cos^2\theta}$

No.

数 II

MATHEMATICS II

Date

THE LOOSE-LEAF STUDY GUIDE
FOR HIGH SCHOOL STUDENTS

# THEME 三角関数のグラフ

MATHEMATICS II

**解法 CHECK**

● $y=\sin\theta$ のグラフ

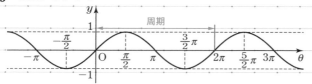

| 周期 | $2\pi$ |
|---|---|
| 値域 | $-1\leqq y\leqq 1$ |
| グラフの対称性 | 原点に関して対称 |

● $y=\cos\theta$ のグラフ

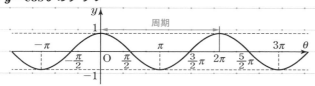

| 周期 | $2\pi$ |
|---|---|
| 値域 | $-1\leqq y\leqq 1$ |
| グラフの対称性 | $y$ 軸に関して対称 |

● $y=\tan\theta$ のグラフ

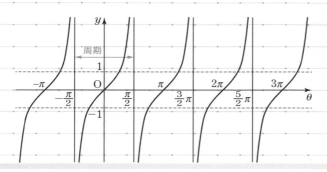

| 周期 | $\pi$ |
|---|---|
| 値域 | 実数全体 |
| グラフの対称性 | 原点に関して対称 |

直線 $\theta=\dfrac{\pi}{2}$, $\theta=\dfrac{3}{2}\pi$ などのように
グラフが限りなく近づく直線を
漸近線という。

## 三角関数のグラフの平行移動

$y=\sin(\theta-p)$ のグラフは，$y=\sin\theta$ のグラフを $\theta$ 軸方向に $p$ だけ平行移動したものである。

**1** $y=\sin\left(\theta-\dfrac{\pi}{4}\right)$ のグラフは，$y=\sin\theta$ の

グラフを $\theta$ 軸方向に 01 _____ だけ

平行移動したもので，周期は 02 _____

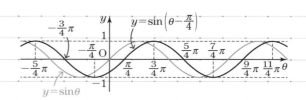

**2** $y=\sin\left(\theta+\dfrac{\pi}{2}\right)$ のグラフは，$y=\sin\theta$ の

グラフを $\theta$ 軸方向に 03 _____ だけ

平行移動したもので，周期は 04 _____

これは，**$y=\cos\theta$ のグラフ** である。

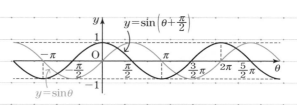

## $y=h\sin\theta$ のグラフ

$y=h\sin\theta$ のグラフは，$y=\sin\theta$ のグラフを $\theta$ 軸をもとにして $y$ 軸方向へ $h$ 倍に拡大したものである。

● $y=3\sin\theta$ のグラフは，$y=\sin\theta$ のグラフを $\theta$ 軸をもとにして $y$ 軸方向へ 05 ___ 倍に拡大したもので，右の図のようになる。

周期は 06 ___   ←周期は $y=\sin\theta$ と同じ

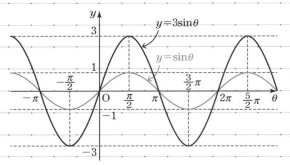

## $y=\cos k\theta$ のグラフ

重要 　$k$ を正の定数とするとき，$\sin k\theta$，$\cos k\theta$ の周期は $\dfrac{2\pi}{k}$，$\tan k\theta$ の周期は $\dfrac{\pi}{k}$

● $y=\cos2\theta$ のグラフは，$y=\cos\theta$ のグラフを $y$ 軸をもとにして $\theta$ 軸方向へ 07 ___ 倍に縮小したもので，右の図のようになる。

周期は 08 ___   ＜ 周期 $2\pi\div2$

注意 　周期を $2\pi$ の2倍としないように

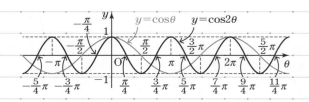

## $y=h\sin k\theta$ のグラフ

● $y=2\sin\dfrac{1}{2}\theta$ のグラフは，$y=\sin\theta$ のグラフを $\theta$ 軸をもとにして $y$ 軸方向へ 09 ___ 倍に拡大，$y$ 軸をもとにして $\theta$ 軸方向へ 10 ___ 倍に拡大したもので，周期は 11 ___

周期 $2\pi\div\dfrac{1}{2}$

注意

→ 周期を $2\pi$ の $\dfrac{1}{2}$ 倍としないように

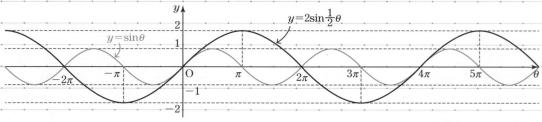

No.

数 II
MATHEMATICS II

Date

THE LOOSE-LEAF STUDY GUIDE
FOR HIGH SCHOOL STUDENTS

THEME **三角関数の性質**

公式 CHECK

❶ $\theta+2n\pi$, $\theta+n\pi$ の三角関数 ($n$ は整数)

$$\sin(\theta+2n\pi)=\sin\theta \qquad \cos(\theta+2n\pi)=\cos\theta \qquad \tan(\theta+n\pi)=\tan\theta$$

❷ $-\theta$ の三角関数

$$\sin(-\theta)=-\sin\theta \qquad \cos(-\theta)=\cos\theta \qquad \tan(-\theta)=-\tan\theta$$

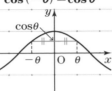

*$y=\sin\theta$ のグラフは原点に関して対称*     *$y=\cos\theta$ のグラフは $y$ 軸に関して対称*     *$y=\tan\theta$ のグラフは原点に関して対称*

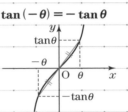

**$\theta+2n\pi$, $\theta+n\pi$ の三角関数**

次の値を求めなさい。

**1** $\sin\dfrac{13}{6}\pi=\sin\left(\underline{\phantom{01}}+2\pi\right)=\sin\underline{\phantom{02}}\quad=\underline{\phantom{03}}$    ← $\sin(\theta+2n\pi)=\sin\theta$

**2** $\cos\dfrac{17}{4}\pi=\cos\left(\underline{\phantom{04}}+2\pi\times2\right)=\cos\underline{\phantom{05}}\quad=\underline{\phantom{06}}$    ← $\cos(\theta+2n\pi)=\cos\theta$

**3** $\tan\dfrac{10}{3}\pi=\tan\left(\underline{\phantom{07}}+\pi\times3\right)=\tan\underline{\phantom{08}}\quad=\underline{\phantom{09}}$    ← $\tan(\theta+n\pi)=\tan\theta$

**$-\theta$ の三角関数**

次の値を求めなさい。

**1** $\sin\left(-\dfrac{7}{3}\pi\right)=-\sin\underline{\phantom{10}}\quad=-\sin\left(\dfrac{\pi}{3}+2\pi\right)=-\sin\underline{\phantom{11}}\quad=\underline{\phantom{12}}$

     └ $\sin(-\theta)=-\sin\theta$

**2** $\cos\left(-\dfrac{25}{6}\pi\right)=\cos\underline{\phantom{13}}\quad=\cos\left(\dfrac{\pi}{6}+2\pi\times2\right)=\cos\underline{\phantom{14}}\quad=\underline{\phantom{15}}$

     └ $\cos(-\theta)=\cos\theta$

**3** $\tan\left(-\dfrac{5}{4}\pi\right)=-\tan\underline{\phantom{16}}\quad=-\tan\left(\dfrac{\pi}{4}+\pi\right)=-\tan\underline{\phantom{17}}\quad=\underline{\phantom{18}}$

     └ $\tan(-\theta)=-\tan\theta$

公式 CHECK

**❸ $\theta+\pi$ の三角関数**

$$\sin(\theta+\pi)=-\sin\theta$$

$$\cos(\theta+\pi)=-\cos\theta$$

$$\tan(\theta+\pi)=\tan\theta$$

**❹ $\theta+\dfrac{\pi}{2}$ の三角関数**

$$\sin\left(\theta+\frac{\pi}{2}\right)=\cos\theta$$

$$\cos\left(\theta+\frac{\pi}{2}\right)=-\sin\theta$$

$$\tan\left(\theta+\frac{\pi}{2}\right)=-\frac{1}{\tan\theta}$$

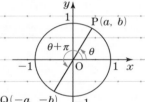

$a=\cos\theta,\ b=\sin\theta$ より、
$\cos(\theta+\pi)=-a=-\cos\theta$,
$\sin(\theta+\pi)=-b=-\sin\theta$

$a=\cos\theta,\ b=\sin\theta$ より、
$\sin\left(\theta+\dfrac{\pi}{2}\right)=a=\cos\theta$,
$\cos\left(\theta+\dfrac{\pi}{2}\right)=-b=-\sin\theta$

### $\theta+\pi$ の三角関数

次の値を求めなさい。

**❶** $\sin\dfrac{5}{4}\pi=\sin\left(\dfrac{\pi}{4}+\pi\right)=-\sin$ ___19___ $=$ ___20___　　←$\sin(\theta+\pi)=-\sin\theta$

**❷** $\cos\dfrac{4}{3}\pi=\cos\left(\dfrac{\pi}{3}+\pi\right)=-\cos$ ___21___ $=$ ___22___　　←$\cos(\theta+\pi)=-\cos\theta$

### $\theta+\dfrac{\pi}{2}$ の三角関数

次の式を簡単にしなさい。

**❶** $\sin\left(\theta+\dfrac{3}{2}\pi\right)=\sin\left(\theta+\pi+\dfrac{\pi}{2}\right)=$ ___23___ $(\theta+\pi)=$ ___24___

　　$\vert_{\ \sin\left(\theta+\frac{\pi}{2}\right)=\cos\theta}$　　$\vert_{\ \cos(\theta+\pi)=-\cos\theta}$

**❷** $\cos\left(\theta+\dfrac{\pi}{2}\right)\tan\left(\theta+\dfrac{\pi}{2}\right)=-\sin\theta\times\left(-\dfrac{1}{\text{\_\_25\_\_}}\right)=-\sin\theta\times\left(-\dfrac{\cos\theta}{\text{\_\_26\_\_}}\right)=$ ___27___

　$\cos\left(\theta+\frac{\pi}{2}\right)=-\sin\theta$　　　$\vert_{\ \tan\left(\theta+\frac{\pi}{2}\right)=-\frac{1}{\tan\theta}}$

No.

Date

数 II

MATHEMATICS II

THE LOOSE-LEAF STUDY GUIDE
FOR HIGH SCHOOL STUDENTS

THEME **三角関数を含む方程式**

解法 CHECK

三角関数を含む方程式の解き方

● $0 \leqq \theta < 2\pi$ のとき，方程式 $\sin\theta = \dfrac{1}{2}$ を解きなさい。

直線 $y = \dfrac{1}{2}$ と単位円の交点を P，Q とすると，

求める $\theta$ は，動径 OP，OQ の表す角である。

$0 \leqq \theta < 2\pi$ だから，$\theta =$ 01＿＿＿，02＿＿＿

　　　　　　　　　　　└● OP の表す角　└● OQ の表す角

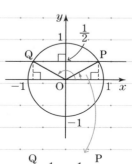

$\theta$ の範囲に制限がないときは，次のように表すことができる。

$\theta =$ 03＿＿＿ $+2n\pi$，04＿＿＿ $+2n\pi$　（$n$ は整数）

**三角関数を含む方程式**

$0 \leqq \theta < 2\pi$ のとき，次の方程式を解きなさい。

**1** $\sqrt{2}\cos\theta + 1 = 0$

方程式を変形すると，$\cos\theta = -\dfrac{1}{\sqrt{2}}$

直線 $x = -\dfrac{1}{\sqrt{2}}$ と単位円の交点を P，Q とすると，

求める $\theta$ は，動径 OP，OQ の表す角である。

$0 \leqq \theta < 2\pi$ だから，

$\theta =$ 05＿＿＿，06＿＿＿

└● OP の表す角　└● OQ の表す角

$\theta$ の制限がないときは，
$\theta = \dfrac{3}{4}\pi + 2n\pi$，$\theta = \dfrac{5}{4}\pi + 2n\pi$（$n$ は整数）

**2** $\tan\theta = -\sqrt{3}$

点 T$(1, -\sqrt{3})$ をとり，直線 OT と単位円の交点を P，Q とすると，

求める $\theta$ は，動径 OP，OQ の表す角である。

$0 \leqq \theta < 2\pi$ だから，

$\theta =$ 07＿＿＿，08＿＿＿

└● OP の表す角　└● OQ の表す角

$\theta$ の制限がないときは，
$\theta = \dfrac{2}{3}\pi + n\pi$（$n$ は整数）

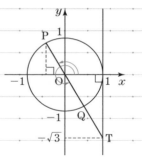

THEME **三角関数を含む不等式**

## 解法 CHECK

三角関数を含む不等式の解き方

● $0 \leqq \theta < 2\pi$ のとき，不等式 $\sin\theta > \dfrac{1}{\sqrt{2}}$ を解きなさい。

$0 \leqq \theta < 2\pi$ の範囲で，$\sin\theta = \dfrac{1}{\sqrt{2}}$ となる $\theta$ は，

$\theta =$ _01_____ ，_02_____

よって，不等式の解は，右の図から，

_03_____ $< \theta <$ _04_____

> $\sin\theta$ の値は点 P，Q の
> $y$ 座標に等しいから，
> $y$ 座標が $\dfrac{1}{\sqrt{2}}$ より大きく
> なる $\theta$ の値の範囲。

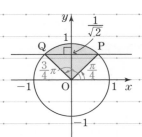

### 別解

不等式の解は，$y = \sin\theta$ のグラフで直線 $y = \dfrac{1}{\sqrt{2}}$ の上側

にある部分の $\theta$ の範囲だから，

_05_____ $< \theta <$ _06_____

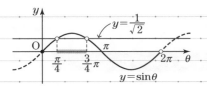

## 三角関数を含む不等式

● $0 \leqq \theta < 2\pi$ のとき，不等式 $\cos\theta \geqq -\dfrac{1}{2}$ を解きなさい。

$0 \leqq \theta < 2\pi$ の範囲で，$\cos\theta = -\dfrac{1}{2}$ となる $\theta$ は，

$\theta =$ _07_____ ，_08_____

よって，不等式の解は，右の図から，

$0 \leqq \theta \leqq$ _09_____ ，_10_____ $\leqq \theta < 2\pi$

> $\cos\theta$ の値は点 P，Q の
> $x$ 座標に等しいから，
> $x$ 座標が $-\dfrac{1}{2}$ 以上となる
> $\theta$ の値の範囲。

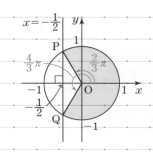

### 別解

不等式の解は，$y = \cos\theta$ のグラフで直線 $y = -\dfrac{1}{2}$ の上側に

ある部分の $\theta$ の範囲だから，

$0 \leqq \theta \leqq$ _11_____ ，_12_____ $\leqq \theta < 2\pi$

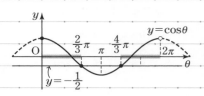

No.

数 II

Date

MATHEMATICS II

THE LOOSE-LEAF STUDY GUIDE
FOR HIGH SCHOOL STUDENTS

# THEME 正弦・余弦の加法定理

## 定理 CHECK

正弦・余弦の加法定理

❶ $\sin(\alpha+\beta) = \sin\alpha\cos\beta + \cos\alpha\sin\beta$  　❷ $\sin(\alpha-\beta) = \sin\alpha\cos\beta - \cos\alpha\sin\beta$

❸ $\cos(\alpha+\beta) = \cos\alpha\cos\beta - \sin\alpha\sin\beta$  　❹ $\cos(\alpha-\beta) = \cos\alpha\cos\beta + \sin\alpha\sin\beta$

## 正弦・余弦の加法定理❶の証明

### 証明

右の図のような直角三角形 OPQ で考える。

PS は点 P の $y$ 座標だから，$PS = \sin(\alpha+\beta)$ ……①

また，$HK = HQ + QK$

$\underline{HQ = PQ\cos\beta} = \boxed{01 \phantom{xxxxx}} \cos\beta$
　└● △PQH において　　└● PQ = OP$\sin\alpha$

$\underline{QK = OQ\sin\beta} = \boxed{02 \phantom{xxxxx}} \sin\beta$
　└● △QOK において　　└● OQ = OP$\cos\alpha$

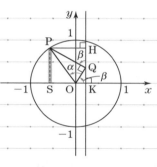

これより，$HK = \boxed{03 \phantom{xxxxx}} + \boxed{04 \phantom{xxxxxxx}}$ ……②

$PS = HK$ で，①，②より，$\sin(\alpha+\beta) = \sin\alpha\cos\beta + \cos\alpha\sin\beta$ ←正弦・余弦の加法定理❶

また，❶で $\beta$ を $-\beta$ におきかえると，❷の公式を導ける。

## 正弦・余弦の加法定理

次の値を求めなさい。

**1** $\sin 105° = \sin(45° + 60°) = \sin 45°\cos 60° + \cos 45°\sin 60°$
　　　　└● $105° = 45° + 60°$

$\boxed{\sin(\alpha+\beta) = \sin\alpha\cos\beta + \cos\alpha\sin\beta}$

$= \dfrac{1}{\sqrt{2}} \times \boxed{05 \phantom{xx}} + \dfrac{1}{\sqrt{2}} \times \boxed{06 \phantom{xx}}$

$= \dfrac{\boxed{07 \phantom{xxxx}}}{4}$ ←分母を有理化する

**2** $\cos 75° = \cos(\boxed{08 \phantom{xx}}° + \boxed{09 \phantom{xx}}°) = \cos 45°\cos 30° - \sin 45°\sin 30°$

$= \dfrac{1}{\sqrt{2}} \times \boxed{10 \phantom{xx}} - \dfrac{1}{\sqrt{2}} \times \boxed{11 \phantom{xx}}$

$\boxed{\cos(\alpha+\beta) = \cos\alpha\cos\beta - \sin\alpha\sin\beta}$

$= \dfrac{\boxed{12 \phantom{xxxx}}}{4}$ ←分母を有理化する

## 定理 CHECK

正接の加法定理

❺ $\tan(\alpha+\beta) = \dfrac{\tan\alpha+\tan\beta}{1-\tan\alpha\tan\beta}$　　　　❻ $\tan(\alpha-\beta) = \dfrac{\tan\alpha-\tan\beta}{1+\tan\alpha\tan\beta}$

### 証明

$\tan(\alpha+\beta) = \dfrac{\sin(\alpha+\beta)}{\cos(\alpha+\beta)} = \dfrac{\sin\alpha\cos\beta+\cos\alpha\sin\beta}{\cos\alpha\cos\beta-\sin\alpha\sin\beta}$

右辺の分母と分子を $\cos\alpha\cos\beta$ で割ると，

右辺の分母 $= \dfrac{\cos\alpha\cos\beta}{\cos\alpha\cos\beta} - \dfrac{\sin\alpha\sin\beta}{\cos\alpha\cos\beta} = 1 - \dfrac{\sin\alpha}{\cos\alpha}\times\dfrac{\sin\beta}{\cos\beta} = 1 - \underline{\text{01}}$

右辺の分子 $= \dfrac{\sin\alpha\cos\beta}{\cos\alpha\cos\beta} + \dfrac{\cos\alpha\sin\beta}{\cos\alpha\cos\beta} = \dfrac{\sin\alpha}{\cos\alpha} + \dfrac{\sin\beta}{\cos\beta} = \underline{\text{02}}$

よって，$\tan(\alpha+\beta) = \dfrac{\tan\alpha+\tan\beta}{1-\tan\alpha\tan\beta}$　←正接の加法定理❺

> ❺で $\beta$ を $-\beta$ におきかえると，❻の公式を導ける。

## 正接の加法定理

$\tan 15° = \tan(60°-45°) = \dfrac{\tan 60° - \tan 45°}{1+\tan 60° \tan 45°}$　　$\boxed{\tan(\alpha-\beta) = \dfrac{\tan\alpha-\tan\beta}{1+\tan\alpha\tan\beta}}$

> └ $15°=60°-45°$

$= \dfrac{\underline{\text{03}} - 1}{1+\underline{\text{04}}\times 1} = \dfrac{(\sqrt{3}-1)^2}{(\sqrt{3}+1)(\sqrt{3}-1)} = \dfrac{\underline{\text{05}}}{2} = \underline{\text{06}}$

## 2直線のなす角

● 2直線 $y=3x$，$y=\dfrac{1}{2}x$ のなす角 $\theta$ を求めなさい。ただし，$0<\theta<\dfrac{\pi}{2}$ とする。

$x$ 軸の正の部分から2直線 $y=3x$，$y=\dfrac{1}{2}x$ まで測った角を $\alpha$，$\beta$ とする。

右の図から，

$\tan\alpha = \underline{\text{07}}$，$\tan\beta = \underline{\text{08}}$

$\theta=\alpha-\beta$ だから，

> $x$ 軸の正の部分から直線 重要
> $y=mx$ まで測った角を $\theta$ とすると，$\tan\theta=m$

$\tan\theta = \tan(\alpha-\beta) = \dfrac{\tan\alpha-\tan\beta}{1+\tan\alpha\tan\beta} = \dfrac{3-\dfrac{1}{2}}{1+3\times\dfrac{1}{2}} = \underline{\text{09}}$

$0<\theta<\dfrac{\pi}{2}$ だから，$\theta = \underline{\text{10}}$

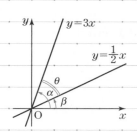

No.

Date

数 II
MATHEMATICS II

THE LOOSE-LEAF STUDY GUIDE
FOR HIGH SCHOOL STUDENTS

# THEME 2 倍角の公式

## 公式 CHECK

正弦・余弦・正接の 2 倍角の公式

❶ $\sin 2\alpha = 2\sin\alpha\cos\alpha$

❷ $\cos 2\alpha = \cos^2\alpha - \sin^2\alpha = 1 - 2\sin^2\alpha = 2\cos^2\alpha - 1$ ◁ $\sin^2\alpha + \cos^2\alpha = 1$

❸ $\tan 2\alpha = \dfrac{2\tan\alpha}{1 - \tan^2\alpha}$

## 2 倍角の公式 ❶ の導き方

加法定理❶で，$\beta$ を $\alpha$ におきかえる。

左辺 $= \sin(\alpha + \alpha) =$ <u>01</u>

右辺 $= \sin\alpha\cos\alpha + \cos\alpha\sin\alpha =$ <u>02</u>

よって，$\sin 2\alpha = 2\sin\alpha\cos\alpha$

> **重要**
> 加法定理
> ❶ $\sin(\alpha + \beta) = \sin\alpha\cos\beta + \cos\alpha\sin\beta$
> ❸ $\cos(\alpha + \beta) = \cos\alpha\cos\beta - \sin\alpha\sin\beta$
> ❺ $\tan(\alpha + \beta) = \dfrac{\tan\alpha + \tan\beta}{1 - \tan\alpha\tan\beta}$

同様にして，加法定理❸，❺で，それぞれ $\beta$ を $\alpha$ におきかえると，2 倍角の公式❷，❸ が得られる。

## 正弦・余弦の 2 倍角

$\dfrac{\pi}{2} < \alpha < \pi$ で，$\sin\alpha = \dfrac{4}{5}$ のとき，次の値を求めなさい。

**1** $\sin 2\alpha$

$\cos^2\alpha = 1 - \sin^2\alpha = 1 - \left(\dfrac{4}{5}\right)^2 =$ <u>03</u>　　　　← $\sin^2\alpha + \cos^2\alpha = 1$

$\cos\alpha < 0$ だから，$\cos\alpha = -\sqrt{\phantom{04}}_{\,04} =$ <u>05</u>　　　　← $\alpha$ は第 2 象限の角だから，$\cos\alpha < 0$

$\sin 2\alpha = 2\sin\alpha\cos\alpha = 2\cdot\dfrac{4}{5}\cdot\left(\phantom{06}\right)_{\,06} =$ <u>07</u>

誤答例
$\sin 2\alpha = 2\sin\alpha = 2\cdot\dfrac{4}{5} = \dfrac{8}{5}$ 注意

**2** $\cos 2\alpha$

$\cos 2\alpha = \cos^2\alpha - \sin^2\alpha$ ◁ $\cos 2\alpha = 1 - 2\sin^2\alpha = 2\cos^2\alpha - 1$ を利用してもよい。

$= \left(\phantom{08}\right)^2_{\,08} - \left(\dfrac{4}{5}\right)^2_{\,09} = -\dfrac{16}{25} =$ <u>10</u>

**公式 CHECK**

正弦・余弦・正接の半角の公式

❶ $\sin^2\dfrac{\alpha}{2}=\dfrac{1-\cos\alpha}{2}$

❷ $\cos^2\dfrac{\alpha}{2}=\dfrac{1+\cos\alpha}{2}$

❸ $\tan^2\dfrac{\alpha}{2}=\dfrac{1-\cos\alpha}{1+\cos\alpha}$

## 半角の公式の導き方

2倍角の公式 $\cos2\alpha=1-2\sin^2\alpha$, $\cos2\alpha=2\cos^2\alpha-1$ で，$\alpha$ を $\dfrac{\alpha}{2}$ におきかえる。

● $\cos2\cdot\dfrac{\alpha}{2}=1-2\sin^2\dfrac{\alpha}{2}$

$2\sin^2\dfrac{\alpha}{2}=$ ___01___

$\sin^2\dfrac{\alpha}{2}=\dfrac{1-\cos\alpha}{2}$

● $\cos2\cdot\dfrac{\alpha}{2}=2\cos^2\dfrac{\alpha}{2}-1$

$2\cos^2\dfrac{\alpha}{2}=$ ___02___

$\cos^2\dfrac{\alpha}{2}=\dfrac{1+\cos\alpha}{2}$

## 正弦・余弦の半角

$0<\alpha<\pi$ で，$\cos\alpha=-\dfrac{3}{5}$ のとき，次の値を求めなさい。

**1** $\sin\dfrac{\alpha}{2}$

$\sin^2\dfrac{\alpha}{2}=\dfrac{1-\cos\alpha}{2}=\dfrac{1}{2}\left\{1-\left(-\dfrac{3}{5}\right)\right\}=$ ___03___

$0<\dfrac{\alpha}{2}<\dfrac{\pi}{2}$ で，$\sin\dfrac{\alpha}{2}>0$ だから，$\sin\dfrac{\alpha}{2}=\dfrac{\text{04}}{\sqrt{5}}$　　←$\dfrac{\alpha}{2}$ は第1象限の角だから，$\sin\dfrac{\alpha}{2}>0$

**2** $\cos\dfrac{\alpha}{2}$

$\cos^2\dfrac{\alpha}{2}=\dfrac{1+\cos\alpha}{2}=\dfrac{1}{2}\left\{1+\left(-\dfrac{3}{5}\right)\right\}=$ ___05___

$\cos\dfrac{\alpha}{2}>0$ だから，$\cos\dfrac{\alpha}{2}=\dfrac{\text{06}}{\sqrt{5}}$　　←$\dfrac{\alpha}{2}$ は第1象限の角だから，$\cos\dfrac{\alpha}{2}>0$

**3** $\tan\dfrac{\alpha}{2}$

$\tan^2\dfrac{\alpha}{2}=\dfrac{1-\cos\alpha}{1+\cos\alpha}=\dfrac{1-\left(-\dfrac{3}{5}\right)}{1+\left(-\dfrac{3}{5}\right)}=$ ___07___ × ___08___ = ___09___

$\tan\dfrac{\alpha}{2}>0$ だから，$\tan\dfrac{\alpha}{2}=$ ___10___　　←$\dfrac{\alpha}{2}$ は第1象限の角だから，$\tan\dfrac{\alpha}{2}>0$

別解

$\tan\dfrac{\alpha}{2}=\dfrac{\sin\dfrac{\alpha}{2}}{\cos\dfrac{\alpha}{2}}$

$=\dfrac{2}{\sqrt{5}}\times\dfrac{\sqrt{5}}{1}$

$=2$

No.
Date

数 II
MATHEMATICS II

THE LOOSE-LEAF STUDY GUIDE
FOR HIGH SCHOOL STUDENTS

# THEME 2 倍角と三角関数の方程式

● 方程式の項に **cos2θ** があるときは，2 倍角の公式❷を用いて，方程式を sin θ または cos θ の
2 次方程式に変形する。

● 方程式の項に **sin2θ** があるときは，2 倍角の公式❶を用いて，方程式を sin θ と cos θ の混じった
方程式に変形して，$\sin\theta(\cos\theta+\blacksquare)$ または $\cos\theta(\sin\theta+\bullet)$ の形にする。

## 2 倍角の公式と三角関数の方程式

$0\leqq\theta<2\pi$ のとき，次の方程式を解きなさい。

**1** $\cos2\theta-3\cos\theta+2=0$

この項が sin θ のときは，sin θ の 2 次方程式に変形 注意

解き方の手順
① 2 倍角の公式❷を用いて，cos θ についての 2 次方程式を作る。
② 2 次方程式を解く要領で，cos θ の値を求める。
③ cos θ の値を満たす θ を求める。

$(\ _{01}\qquad)-3\cos\theta+2=0$ ← $\cos2\theta=2\cos^2\theta-1$

$2\cos^2\theta-3\cos\theta+1=0$

cos θ = x とすると，$2x^2-3x+1=0$, $(x-1)(2x-1)=0$

$(\cos\theta-\ _{02}\quad)(2\cos\theta-\ _{03}\quad)=0$

$\cos\theta=\ _{04}$

$0\leqq\theta<2\pi$ のとき，$\cos\theta=1$ から，$\theta=\ _{05}$

$\cos\theta=\dfrac{1}{2}$ から，$\theta=\ _{06}$

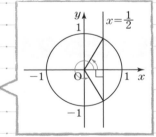

**2** $\sin2\theta+\sqrt{3}\cos\theta=0$

$(\ _{07}\qquad)+\sqrt{3}\cos\theta=0$ ← $\sin2\theta=2\sin\theta\cos\theta$

$\cos\theta(2\sin\theta+\sqrt{3})=0$

$\cos\theta=\ _{08}\quad$ または $\sin\theta=\ _{09}$

$0\leqq\theta<2\pi$ のとき，$\cos\theta=0$ から，$\theta=\ _{10}$

$\sin\theta=-\dfrac{\sqrt{3}}{2}$ から，$\theta=\ _{11}$

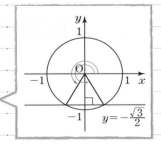

公式 CHECK

❶ $\sin\alpha\cos\beta=\dfrac{1}{2}\{\sin(\alpha+\beta)+\sin(\alpha-\beta)\}$

❷ $\cos\alpha\sin\beta=\dfrac{1}{2}\{\sin(\alpha+\beta)-\sin(\alpha-\beta)\}$

❸ $\cos\alpha\cos\beta=\dfrac{1}{2}\{\cos(\alpha+\beta)+\cos(\alpha-\beta)\}$

❹ $\sin\alpha\sin\beta=-\dfrac{1}{2}\{\cos(\alpha+\beta)-\cos(\alpha-\beta)\}$

## 公式❶の導き方

加法定理から,

$\sin(\alpha+\beta)=\sin\alpha\cos\beta+\cos\alpha\sin\beta$ ……①

$\sin(\alpha-\beta)=\sin\alpha\cos\beta-\cos\alpha\sin\beta$ ……②

①+②より,

$\sin(\alpha+\beta)+\sin(\alpha-\beta)=$ ___01___

よって, $\sin\alpha\cos\beta=\dfrac{1}{2}\{\sin(\alpha+\beta)+\sin(\alpha-\beta)\}$

> ①-②より,
> $\sin(\alpha+\beta)-\sin(\alpha-\beta)=2\cos\alpha\sin\beta$
> これより, 公式❷を導ける。

公式 CHECK

❺ $\sin A+\sin B=2\sin\dfrac{A+B}{2}\cos\dfrac{A-B}{2}$

❻ $\sin A-\sin B=2\cos\dfrac{A+B}{2}\sin\dfrac{A-B}{2}$

❼ $\cos A+\cos B=2\cos\dfrac{A+B}{2}\cos\dfrac{A-B}{2}$

❽ $\cos A-\cos B=-2\sin\dfrac{A+B}{2}\sin\dfrac{A-B}{2}$

## 公式❺の導き方

$\alpha+\beta=A$, $\alpha-\beta=B$ とおくと, $\alpha=\dfrac{\text{___02___}}{2}$, $\beta=\dfrac{\text{___03___}}{2}$

公式❶を変形して, $\sin(\alpha+\beta)+\sin(\alpha-\beta)=2\sin\alpha\cos\beta$

よって, $\sin A+\sin B=2\sin\dfrac{A+B}{2}\cos\dfrac{A-B}{2}$

## 公式を用いて

$\cos75°+\cos15°=2\cos\dfrac{75°+15°}{2}\cos\dfrac{75°-15°}{2}=2\cos45°\cos30°$

$=2\cdot$ ___04___ $\cdot$ ___05___ $=$ ___06___

No.
Date

数 II
MATHEMATICS II

THE LOOSE-LEAF STUDY GUIDE
FOR HIGH SCHOOL STUDENTS

# THEME 三角関数の合成

三角関数の合成

$$a\sin\theta + b\cos\theta = \sqrt{a^2+b^2}\,\sin(\theta+\alpha) \quad \text{ただし,} \quad \cos\alpha = \frac{a}{\sqrt{a^2+b^2}}, \quad \sin\alpha = \frac{b}{\sqrt{a^2+b^2}}$$

証明

右の図のように，座標平面上に点 $P(a,\ b)$ をとる。

$x$ 軸の正の部分から線分 OP まで測った角を $\alpha$，OP$=r$ とすると，

$a = r\cos\alpha,\ \ b = r\sin\alpha$

よって，

$a\sin\theta + b\cos\theta =$ 01 _____ $\sin\theta +$ 02 _____ $\cos\theta$

$\qquad = r(\sin\theta\cos\alpha + \cos\theta\sin\alpha)$

$\qquad = r\sin($ 03 _____ $)$

ここで，$r = \sqrt{a^2+b^2}$ だから，

$a\sin\theta + b\cos\theta = \sqrt{a^2+b^2}\,\sin(\theta+\alpha)$

> 加法定理❶
> $\sin(\alpha+\beta) = \sin\alpha\cos\beta + \cos\alpha\sin\beta$

## 三角関数の合成

● $\sqrt{3}\sin\theta + \cos\theta$ を $r\sin(\theta+\alpha)$ の形に表しなさい。ただし，$r>0$，$-\pi < \alpha < \pi$ とする。

右の図のように，座標平面上に点 $P(\sqrt{3},\ 1)$ をとる。

OP の長さは，$r = \sqrt{(\sqrt{3})^2+1^2} =$ 04 _____

$$\sqrt{3}\sin\theta + \cos\theta = 2\left(\frac{\sqrt{3}}{2}\sin\theta + \frac{1}{2}\cos\theta\right)$$

$r$ └ $\cos\alpha$  └ $\sin\alpha$

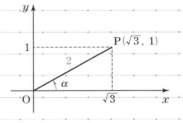

$\cos\alpha = \dfrac{\sqrt{3}}{2}$，$\sin\alpha = \dfrac{1}{2}$ となる $\alpha$ は，$\alpha =$ 05 _____ ← $\cos\alpha > 0$，$\sin\alpha > 0$ だから，$\alpha$ は第 1 象限の角

よって，

$$\sqrt{3}\sin\theta + \cos\theta = 2(\sin\theta_{\,06}\ \_\_\_\_ + \cos\theta_{\,07}\ \_\_\_\_)$$

$$= 2\sin(\theta +\,_{08}\ \_\_\_\_)$$

NO.

# 数 II
MATHEMATICS II

THE LOOSE-LEAF STUDY GUIDE
FOR HIGH SCHOOL STUDENTS

THEME 三角関数の合成

## 三角関数の最大値・最小値

●関数 $y=\sin x-\sqrt{3}\cos x$ の最大値，最小値を求めなさい。

**手順1** $\sin x-\sqrt{3}\cos x$ を $r\sin(x+\alpha)$ の形に変形する。

$$r=\sqrt{1^2+(-\sqrt{3})^2}=\underline{\text{09}}$$

$\cos\alpha=\dfrac{1}{2}$, $\sin\alpha=-\dfrac{\sqrt{3}}{2}$ だから，$\alpha=-\dfrac{\pi}{3}$

$\left\{\cos\alpha=\dfrac{a}{\sqrt{a^2+b^2}},\ \sin\alpha=\dfrac{b}{\sqrt{a^2+b^2}}\right.$

よって，$y=\underline{\text{10}}\quad\sin\left(x-\underline{\text{11}}\right)$

$\left\{a\sin\theta+b\cos\theta=\sqrt{a^2+b^2}\sin(\theta+\alpha)\right.$

**手順2** $y=2\sin\left(x-\dfrac{\pi}{3}\right)$ の最大値，最小値を求める。

$-1\leqq\sin\theta\leqq1$ だから，$-1\leqq\sin\left(x-\dfrac{\pi}{3}\right)\leqq1$

各辺を 2 倍して，$-2\leqq2\sin\left(x-\dfrac{\pi}{3}\right)\leqq2$

これより，

$y$ の最大値は $\underline{\text{12}}$ ，最小値は $\underline{\text{13}}$

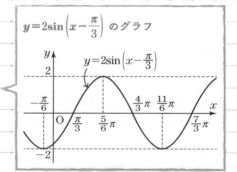

$y=2\sin\left(x-\dfrac{\pi}{3}\right)$ のグラフ

## 三角関数の合成と方程式

●$0\leqq x<2\pi$ のとき，方程式 $\sin x+\cos x=1$ を解きなさい。

$\sin x+\cos x=1$ を $r\sin(x+\alpha)=1$ の形に変形すると，

$r=\sqrt{1^2+1^2}=\underline{\text{14}}$ $\cos\alpha=\dfrac{1}{\sqrt{2}}$, $\sin\alpha=\dfrac{1}{\sqrt{2}}$ だから，$\alpha=\underline{\text{15}}$

よって，$\underline{\text{16}}\quad\sin\left(x+\underline{\text{17}}\right)=1$

両辺を $\sqrt{2}$ で割って，$\sin\left(x+\dfrac{\pi}{4}\right)=\dfrac{1}{\sqrt{2}}$ ……①

$0\leqq x<2\pi$ のとき，$\dfrac{\pi}{4}\leqq x+\dfrac{\pi}{4}<\dfrac{9}{4}\pi$

この範囲で①を解くと，$x+\dfrac{\pi}{4}=\underline{\text{18}}$ ，$\underline{\text{19}}$

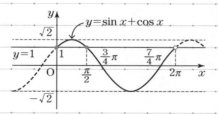

$x+\dfrac{\pi}{4}=\dfrac{\pi}{4}$ のとき $x=\underline{\text{20}}$ ，$x+\dfrac{\pi}{4}=\dfrac{3}{4}\pi$ のとき $x=\underline{\text{21}}$

方程式の解は，$0\leqq x<2\pi$ における
2 つの関数 $y=\sin x+\cos x$ と $y=1$
のグラフの交点

No.

数 II
MATHEMATICS II

Date

THE LOOSE-LEAF STUDY GUIDE
FOR HIGH SCHOOL STUDENTS

## THEME 整数の指数

指数法則 (指数が整数)

$a \neq 0$, $b \neq 0$ で，$m$, $n$ は整数とする。

❶ $a^m \times a^n = a^{m+n}$　　　❷ $\dfrac{a^m}{a^n} = a^{m-n}$　　　❸ $(a^m)^n = a^{mn}$　　　❹ $(ab)^n = a^n b^n$

### 指数が 0 や負の整数の累乗

$a$ をいくつか掛けたものを $a$ の累乗という。$a$ を $n$ 個掛けた ものを $a$ の $n$ 乗といい，$a^n$ と書く。$n$ を指数という。

$$\overbrace{a \times a \times \cdots\cdots \times a}^{a \text{ が } n \text{ 個}} = a^n \leftarrow 指数$$

**1** $10^0 =$ ₀₁ _____ $\quad$ $a^0 = 0$ としてはダメ！ 注意

**2** $2^{-3} = \dfrac{1}{\underset{02}{2^\square}} = \dfrac{1}{8}$

**3** $0.000135 = 1.35 \times \dfrac{1}{\underset{03}{10^\square}} = 1.35 \times {}_{04} 10^\square$

重要

$a \neq 0$ で，$n$ は正の整数とする。
$$a^0 = 1, \quad a^{-n} = \dfrac{1}{a^n} \quad 特に，\ a^{-1} = \dfrac{1}{a}$$

### 指数法則

**1** $3^5 \times 3^{-2} = {}_{05} 3^{5\square(-2)} = {}_{06} 3^\square$　$\langle$ $a^m \times a^n = a^{m+n}$

**2** $5^3 \div 5^4 = {}_{07} 5^{3\square 4} = {}_{08} 5^\square$　$\langle$ $a^m \div a^n = a^{m-n}$

**3** $4^4 \times 4^{-5} \div 4^{-3} = {}_{09} 4^{4\square(-5)\square(-3)} = {}_{10} 4^\square$

**4** $(10^3)^{-2} = {}_{11} 10^{3\square(-2)} = {}_{12} 10^\square$　$\langle$ $(a^m)^n = a^{mn}$

**5** $(2 \times 3^{-2})^{-2} = {}_{13} 2^{1\square(-2)} \times {}_{14} 3^{-2\square(-2)} = {}_{15} 2^\square \times {}_{16} 3^\square$　$\langle$ $(ab)^n = a^n b^n$

THEME **累乗根**

---

### 公式 CHECK

$a>0$, $b>0$ で, $m$, $n$, $p$ は正の整数とする。

❶ $\sqrt[n]{a}\,\sqrt[n]{b}=\sqrt[n]{ab}$　　　❷ $\dfrac{\sqrt[n]{a}}{\sqrt[n]{b}}=\sqrt[n]{\dfrac{a}{b}}$　　　❸ $(\sqrt[n]{a})^m=\sqrt[n]{a^m}$

❹ $\sqrt[m]{\sqrt[n]{a}}=\sqrt[mn]{a}$　　　❺ $\sqrt[n]{a^m}=\sqrt[np]{a^{mp}}$

---

### 累乗根

$n$ を正の整数とするとき, $n$ 乗すると $a$ になる数を $a$ の $n$ 乗根という。

つまり, 方程式 $x^n=a$ を満たす $x$ の値が $a$ の $n$ 乗根である。

また, $a$ の 2 乗根 (平方根), 3 乗根, 4 乗根, …… をまとめて $a$ の累乗根という。

次の値を求めなさい。

**1** $\sqrt[3]{8}=\sqrt[3]{\boxed{01}^{\,3}}=\boxed{02}$

　└→ $\sqrt[n]{a}$ は, $n$ 乗根 $a$ と読む

**2** $\sqrt[4]{\dfrac{1}{81}}=\sqrt[4]{\left(\boxed{03}\right)^4}=\boxed{04}$

> **重要**
>
> $a>0$ のとき,
> $\sqrt[n]{a}>0$
> $(\sqrt[n]{a})^n=a$
> $\sqrt[n]{a^n}=a$

---

### 累乗根の計算

**1** $\sqrt[5]{4}\,\sqrt[5]{8}=\sqrt[5]{4\times8}=\sqrt[5]{\boxed{05}^{\,5}}=\boxed{06}$

> $\sqrt[n]{a}\,\sqrt[n]{b}=\sqrt[n]{ab}$

**2** $\dfrac{\sqrt[4]{243}}{\sqrt[4]{3}}=\sqrt[4]{\dfrac{243}{3}}=\sqrt[4]{\boxed{07}^{\,4}}=\boxed{08}$

> $\dfrac{\sqrt[n]{a}}{\sqrt[n]{b}}=\sqrt[n]{\dfrac{a}{b}}$

**3** $(\sqrt[6]{36})^3=\sqrt[6]{36^3}=\sqrt[6]{(6^2)^3}=\sqrt[6]{\boxed{09}}=\boxed{10}$

　　　　　　　　　　　↑　　　　↑
　　　　　$(a^m)^n=a^{mn}$　　$\sqrt[n]{a^n}=a$

> $(\sqrt[n]{a})^m=\sqrt[n]{a^m}$

**4** $\sqrt[3]{\sqrt{125}}=\sqrt[3]{\sqrt{5^3}}=\sqrt[6]{\boxed{11}^{\,3}}=\sqrt[2]{5}=\boxed{12}$

　　　　　　　　　└→ $\sqrt[6]{5^3}=\sqrt[3\times2]{5^{3\times1}}$

> $\sqrt[m]{\sqrt[n]{a}}=\sqrt[mn]{a}$

> 注意 $\sqrt[2]{a}$ は, $\sqrt{a}$ と書く。

No.

数 II
MATHEMATICS II

Date

THE LOOSE-LEAF STUDY GUIDE
FOR HIGH SCHOOL STUDENTS

## THEME 有理数の指数

有理数の指数の累乗

$a > 0$ で，$m$, $n$ は正の整数，$r$ は正の有理数とする。

$$a^{\frac{1}{n}} = \sqrt[n]{a} \qquad a^{\frac{m}{n}} = (\sqrt[n]{a})^m = \sqrt[n]{a^m} \qquad a^{-r} = \frac{1}{a^r}$$

### 指数が分数の累乗

次の数を $\sqrt{\phantom{a}}$ のついた数で表しなさい。**4** は値を求めなさい。

**1** $3^{\frac{1}{4}} = {}_{01}\sqrt[\square]{3}$ 　　　　　$a^{\frac{1}{n}} = \sqrt[n]{a}$

**2** $4^{\frac{5}{3}} = {}_{02}\sqrt[\square]{4^{\square}} = {}_{03}\sqrt[\square]{16}$ 　　　$a^{\frac{m}{n}} = \sqrt[n]{a^m}$

重要 $a^{\frac{m}{n}} = \sqrt[n]{a^m}$

**3** $7^{-\frac{1}{2}} = \dfrac{1}{{}_{04}\,7^{\square}} = \dfrac{1}{\sqrt[2]{7}} = \dfrac{1}{{}_{05}}$ 　　　$a^{-r} = \dfrac{1}{a^r}$

$\sqrt[2]{a}$ は，$\sqrt{a}$ と書く。注意

**4** $4^{-\frac{3}{2}} = \dfrac{1}{{}_{06}\,4^{\square}} = \dfrac{1}{{}_{07}\,\sqrt{4^{\square}}} = \dfrac{1}{\sqrt{{}_{08}}} = {}_{09}$

### $a^{\frac{m}{n}}$ の形で表す

次の数を $a^{\frac{m}{n}}$ の形で表しなさい。

**1** $\sqrt{27} = \sqrt[2]{{}_{10}} = {}_{11}\,3^{\square}$

27 を $a^n$ の形で表す

**2** $\sqrt[4]{32} = \sqrt[4]{{}_{12}} = {}_{13}\,2^{\square}$

32 を $a^n$ の形で表す

**3** $\dfrac{1}{\sqrt[5]{625}} = \dfrac{1}{\sqrt[5]{{}_{14}}} = \dfrac{1}{{}_{15}\,5^{\square}} = {}_{16}\,5^{\square}$

625 を $a^n$ の形で表す

数II
NO.
MATHEMATICS II
THE LOOSE-LEAF STUDY GUIDE
FOR HIGH SCHOOL STUDENTS
THEME 有理数の指数

## 公式 CHECK

指数法則（指数が有理数）

$a>0$, $b>0$ で，$r$, $s$ は有理数とする。

❶ $a^r \times a^s = a^{r+s}$　　　❷ $\dfrac{a^r}{a^s} = a^{r-s}$　　　❸ $(a^r)^s = a^{rs}$　　　❹ $(ab)^r = a^r b^r$

## 指数法則

**1** $6^{\frac{3}{4}} \times 6^{\frac{5}{4}} = {}_{17}6^{\frac{3}{4}\square\frac{5}{4}} = {}_{18}6^{\square} = {}_{19}$ 　　$\Big\langle$ $a^r \times a^s = a^{r+s}$

**2** $9^{\frac{1}{3}} \div 3^{\frac{1}{6}} = (3^2)^{\frac{1}{3}} \div 3^{\frac{1}{6}} = 3^{\frac{2}{3}} \div 3^{\frac{1}{6}} = {}_{20}3^{\frac{2}{3}\square\frac{1}{6}} = {}_{21}3^{\square} = {}_{22}$ 　　$\Big\langle$ $a^r \div a^s = a^{r-s}$

**3** $\sqrt{5^3} \times \sqrt[3]{5^2} \div \sqrt[6]{5} = 5^{\frac{3}{2}} \times 5^{\frac{2}{3}} \div 5^{\frac{1}{6}} = {}_{23}5^{\frac{3}{2}\square\frac{2}{3}\square\frac{1}{6}} = {}_{24}5^{\square} = {}_{25}$ 　　$\Big\langle$ $a^r \times a^s \div a^t = a^{r+s-t}$

## 指数法則と展開の公式

**1** $(\sqrt{a} + \sqrt{b})(\sqrt[4]{a} + \sqrt[4]{b})(\sqrt[4]{a} - \sqrt[4]{b})$

$= (a^{\frac{1}{2}} + b^{\frac{1}{2}})(a^{\frac{1}{4}} + b^{\frac{1}{4}})(a^{\frac{1}{4}} - b^{\frac{1}{4}})$

$= (a^{\frac{1}{2}} + b^{\frac{1}{2}})\{ {}_{26}(a^{\frac{1}{4}})^{\square} - (b^{\frac{1}{4}})^{\square} \}$

$= (a^{\frac{1}{2}} + b^{\frac{1}{2}})({}_{27}a^{\square} - b^{\square})$

$= (a^{\frac{1}{2}})^2 - (b^{\frac{1}{2}})^2$

$= {}_{28}$

> $a^{\frac{1}{4}} = A$, $b^{\frac{1}{4}} = B$ として，
> $(A+B)(A-B) = A^2 - B^2$ を利用。

**2** $(3^{\frac{1}{3}} + 3^{-\frac{1}{3}})(9^{\frac{1}{3}} - 1 + 9^{-\frac{1}{3}})$

$= (3^{\frac{1}{3}} + 3^{-\frac{1}{3}})\{ (3^2)^{\frac{1}{3}} - 3^{\frac{1}{3}} \cdot 3^{-\frac{1}{3}} + (3^2)^{-\frac{1}{3}} \}$ 　　←$3^{\frac{1}{3}} \cdot 3^{-\frac{1}{3}} = 3^{\frac{1}{3} + \left(-\frac{1}{3}\right)} = 3^0 = 1$

$= (3^{\frac{1}{3}} + 3^{-\frac{1}{3}})\{ (3^{\frac{1}{3}})^2 - 3^{\frac{1}{3}} \cdot 3^{-\frac{1}{3}} + (3^{-\frac{1}{3}})^2 \}$

$= {}_{29}(3^{\frac{1}{3}})^{\square} + (3^{-\frac{1}{3}})^{\square}$

$= {}_{30}3^{\square} + 3^{\square}$

$= 3 + {}_{31}$

$= {}_{32}$

> $3^{\frac{1}{3}} = A$, $3^{-\frac{1}{3}} = B$ として，
> $(A+B)(A^2 - AB + B^2) = A^3 + B^3$ を利用。

No.

Date

数 II

MATHEMATICS II

THE LOOSE-LEAF STUDY GUIDE
FOR HIGH SCHOOL STUDENTS

# THEME 指数関数のグラフ

関数 $y=a^x$ $(a>0,\ a\neq1)$ を，$a$ を底とする $x$ の指数関数という。

指数関数 $y=a^x$ のグラフの性質　　　　　　　　$a>1$　　　　　　$0<a<1$

❶ 点 $(0,\ 1)$，$(1,\ a)$ を通る。

❷ $x$ 軸が漸近線である。
　　└→ グラフが限りなく近づく直線

❸ $\begin{cases} a>1 \text{ のとき，右上がりの曲線。} \\ 0<a<1 \text{ のとき，右下がりの曲線。} \end{cases}$

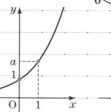
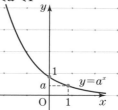

## $y=a^x$ のグラフ

次の関数のグラフをかきなさい。

**1** $y=2^x$

手順1　$x$ と $y$ の対応表を作る。

| $x$ | $-3$ | $-2$ | $-1$ | $0$ | $1$ | $2$ | $3$ |
|---|---|---|---|---|---|---|---|
| $y$ | $\dfrac{1}{8}$ | 01 | 02 | 03 | 04 | 05 | 06 |

手順2　対応表の値の組を座標とする点をとる。

手順3　とった点を結ぶ曲線をかく。

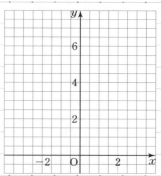

07 グラフをかきなさい

**2** $y=\left(\dfrac{1}{2}\right)^x$

| $x$ | $-3$ | $-2$ | $-1$ | $0$ | $1$ | $2$ | $3$ |
|---|---|---|---|---|---|---|---|
| $y$ | 08 | 09 | 10 | 11 | 12 | 13 | 14 |

以上から，$y=2^x$ のグラフと $y=\left(\dfrac{1}{2}\right)^x$ のグラフは，16 ＿＿＿＿ 軸

について対称である。
　　└→ $\left(\dfrac{1}{2}\right)^x=\dfrac{1}{2^x}=2^{-x}$

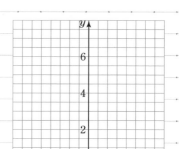

15 グラフをかきなさい

重要　$y=a^x$ のグラフと $y=a^{-x}$ のグラフは $y$ 軸に関して対称である。

解法 CHECK

指数関数 $y=a^x$ の特徴

❶ **定義域は実数全体，値域は正の数全体である。**

❷ **$a>1$ のとき，増加関数。**

  $x$ の値が増加すると $y$ の値も増加する関数

  **すなわち，$p<q \iff a^p<a^q$**

❸ **$0<a<1$ のとき，減少関数。**

  $x$ の値が増加すると $y$ の値は減少する関数

  **すなわち，$p<q \iff a^p>a^q$**

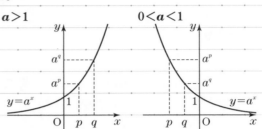

---

### 指数のついた数の大小

次の 3 つの数の大小を不等号を用いて表しなさい。

**1** $\sqrt[3]{9}$，$\sqrt[4]{27}$，$\sqrt[7]{81}$

**手順1** 底を 3 にそろえて，各数を指数を用いて表す。

$$\sqrt[3]{9}=\sqrt[3]{3^2}=_{01}3^{\square}\ ,\quad \sqrt[4]{27}=\sqrt[4]{3^3}=_{02}3^{\square}\ ,\quad \sqrt[7]{81}=\sqrt[7]{3^4}=_{03}3^{\square}$$

$\sqrt[n]{a^m}=a^{\frac{m}{n}}$

**手順2** 指数の大小を調べると，$\dfrac{4}{7}<\dfrac{2}{3}<\dfrac{3}{4}$

**手順3** 底 3 は 1 より大きいから，$3^{\frac{4}{7}}<3^{\frac{2}{3}}<3^{\frac{3}{4}}$

関数 $y=3^x$ は増加関数だから，指数が大きいほど大きくなる。

すなわち，$_{04}\underline{\quad\quad} < _{05}\underline{\quad\quad} < _{06}\underline{\quad\quad}$

---

**2** $\sqrt{2}$，$\sqrt{\dfrac{1}{8}}$，$\sqrt[3]{\dfrac{1}{16}}$

**手順1** 底を $\dfrac{1}{2}$ にそろえて，各数を指数を用いて表す。

$$\sqrt{2}=2^{\frac{1}{2}}=_{07}\left(\frac{1}{2}\right)^{\square}\ ,\quad \sqrt{\frac{1}{8}}=\sqrt{\left(\frac{1}{2}\right)^3}=_{08}\left(\frac{1}{2}\right)^{\square}\ ,\quad \sqrt[3]{\frac{1}{16}}=\sqrt[3]{\left(\frac{1}{2}\right)^4}=_{09}\left(\frac{1}{2}\right)^{\square}$$

**手順2** 指数の大小を調べると，$-\dfrac{1}{2}<\dfrac{4}{3}<\dfrac{3}{2}$

**手順3** 底 $\dfrac{1}{2}$ は 1 より小さいから，$\left(\dfrac{1}{2}\right)^{-\frac{1}{2}}>\left(\dfrac{1}{2}\right)^{\frac{4}{3}}>\left(\dfrac{1}{2}\right)^{\frac{3}{2}}$

不等号の向きが逆になる

関数 $y=\left(\dfrac{1}{2}\right)^x$ は減少関数だから，指数が大きいほど小さくなる。

すなわち，$_{10}\underline{\quad\quad} < _{11}\underline{\quad\quad} < _{12}\underline{\quad\quad}$

No.

数 II
MATHEMATICS II

Date

THE LOOSE-LEAF STUDY GUIDE
FOR HIGH SCHOOL STUDENTS

THEME 指数関数を含む方程式，不等式

指数関数を含む方程式，不等式の解き方

❶底を同じ数にそろえる。

❷方程式は，$a^p=a^q \iff p=q$ を用いて指数についての方程式を解く。

不等式は，$\begin{cases} a>1 \text{ のとき，} a^p<a^q \iff p<q \\ 0<a<1 \text{ のとき，} a^p<a^q \iff p>q \end{cases}$ を用いて指数についての不等式を解く。

## 指数関数を含む方程式

次の方程式を解きなさい。

**1** $4^{x+1}=8^x$

底を 2 にそろえると，$(2^2)^{x+1}=_{01}(2^{\square})^x$

$\qquad\qquad\qquad 2^{2x+2}=_{02}2^{\square}$　　←$(a^m)^n=a^{mn}$

よって，$2x+2=_{03}$　　←$a^p=a^q \iff p=q$

これを解いて，$x=_{04}$

重要
**等式の性質**

$A=B$ ならば，

❶$A+C=B+C$

❷$A-C=B-C$

❸$AC=BC$

❹$\dfrac{A}{C}=\dfrac{B}{C}\ (C\neq 0)$

**2** $125^x=\dfrac{1}{25}$

底を 5 にそろえると，$(5^3)^x=\dfrac{1}{5^2}$

$\qquad\qquad _{05}5^{\square}=_{06}5^{\square}$　　←$\dfrac{1}{a^r}=a^{-r}$

よって，$3x=_{07}$

これを解いて，$x=_{08}$

**3** $9^x-8\cdot 3^x-9=0$

底を 3 にそろえると，$(3^2)^x-8\cdot 3^x-9=0$

$\qquad\qquad (3^x)^2-8\cdot 3^x-9=0$　　←$(a^m)^n=a^{mn}=(a^n)^m$

$3^x=t$ とおくと，$t^2-8t-9=0$

$\qquad\qquad (t+1)(t-_{09}\qquad)=0$

$\qquad\qquad\qquad t=_{10}$

$t>0$ だから，$t=_{11}$
　└→指数関数の値域は正の数なので，$3^x>0$

よって，$3^x=_{12}3^{\square}$　　←$t$ を $3^x$ にもどす

$\qquad\qquad x=_{13}$

THEME 指数関数を含む方程式，不等式

## 指数関数を含む不等式

次の不等式を解きなさい。

**1** $9^x > \sqrt{3}$

底を3にそろえると，$(3^2)^x >_{\,14}\, 3^{\square}$

$3^{2x} >_{\,15}\, 3^{\square}$

底3は1より大きいから，

$2x \underset{\text{不等号}}{\,_{16}\,} \dfrac{1}{2}$  ◁ 関数 $y=3^x$ は増加関数。

これを解いて，$x\ _{17}$

> **重要**
>
> **不等式の性質**
> $A < B$ のとき，
> $A+C < B+C,\ A-C < B-C$
> $A < B$ のとき，
> $C > 0$ ならば，$AC < BC,\ \dfrac{A}{C} < \dfrac{B}{C}$
> $C < 0$ ならば，$AC > BC,\ \dfrac{A}{C} > \dfrac{B}{C}$

**2** $\left(\dfrac{1}{2}\right)^{x+3} \leqq \left(\dfrac{1}{16}\right)^x$

底を $\dfrac{1}{2}$ にそろえると，$\left(\dfrac{1}{2}\right)^{x+3} \leqq_{\,18}\, \left\{\left(\dfrac{1}{2}\right)^{\square}\right\}^x$

$\left(\dfrac{1}{2}\right)^{x+3} \leqq_{\,19}\, \left(\dfrac{1}{2}\right)^{\square}$

底 $\dfrac{1}{2}$ は1より小さいから，$x+3 \underset{\text{不等号}}{\,_{20}\,} 4x$  ◁ 関数 $y=\left(\dfrac{1}{2}\right)^x$ は減少関数。

これを解いて，$x\ _{21}$

**3** $4^x - 2^{x+2} - 32 > 0$

底を2にそろえると，$(2^2)^x - 2^x \cdot 2^2 - 32 > 0$  ← $a^{r+s}=a^r \cdot a^s$

$(2^x)^2 - 4 \cdot 2^x - 32 > 0$  ← $(a^m)^n=(a^n)^m$

$2^x = t$ とおくと，$t^2 - 4t - 32 > 0$

$(t+4)(t -_{\,22}\, \quad) > 0$

$t > 0$ だから，$t+4 > 0$

よって，$t-8 \underset{\text{不等号}}{\,_{23}\,} 0$

すなわち，$t \underset{\text{不等号}}{\,_{24}\,} 8$

したがって，$2^x >_{\,25}\, 2^{\square}$  ← $t$ を $2^x$ にもどす

底2は1より大きいから，$x\ _{26}$

No.

Date

数 II

MATHEMATICS II

THE LOOSE-LEAF STUDY GUIDE
FOR HIGH SCHOOL STUDENTS

THEME **対数**

指数と対数

$a>0$，$a\neq1$ で，$M>0$ のとき，$M=a^p \iff \log_a M=p$

$M=a^p$ のとき，$\log_a a^p=p$

以下，$\log_a M$ と書くときは，$a>0$，$a\neq1$，$M>0$ とする。 注意

## 対数の意味

一般に，指数関数 $y=a^x$ において，どんな正の数 $M$ に
対しても，$M=a^p$ となる実数 $p$ がただ 1 つ定まる。
この $p$ を $\log_a M$ で表し，$a$ を 01 _____ とする $M$ の
02 _____ という。また，$\log_a M$ における正の数 $M$ を，
この対数の 03 _____ という。

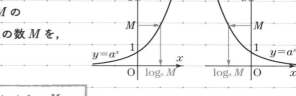

**1** 　$9=3^2$ から，$\log_3 9=$ 04 _____ 　$\langle$ $M=a^p \iff \log_a M=p$

**2** 　$\dfrac{1}{8}=2^{-3}$ から，$\log_2 \dfrac{1}{8}=$ 05 _____

## 対数の値

対数の値を求めるときは，$\log_a M$ の $M$ を変形して，$\log_a a^p$ の形の式を導く。
次の値を求めなさい。

**1** 　$\log_2 32=$ 06 $\log_2 2^{\square}=$ 07 _____

**2** 　$\log_5 \dfrac{1}{25}=$ 08 $\log_5 5^{\square}=$ 09 _____

**3** 　$\log_{\frac{1}{3}} 9=$ 10 $\log_{\frac{1}{3}} \left(\dfrac{1}{3}\right)^{\square}=$ 11 _____

**4** 　$\log_{10} 0.001=\log_{10} \dfrac{1}{1000}$

　　　$=$ 12 $\log_{10} 10^{\square}=$ 13 _____

**5** 　$\log_7 \sqrt[3]{7}=$ 14 $\log_7 7^{\square}=$ 15 _____

**6** 　$\log_{\sqrt{2}} 8=$ 16 $\log_{\sqrt{2}} (\sqrt{2})^{\square}=$ 17 _____

対数の性質

$1=a^0$ から，$\log_a 1=0$　　$a=a^1$ から，$\log_a a=1$

$M>0$，$N>0$ で，$k$ は実数とする。

❶ $\log_a MN=\log_a M+\log_a N$　　❷ $\log_a \dfrac{M}{N}=\log_a M-\log_a N$　　❸ $\log_a M^k=k\log_a M$

## 対数の性質

**1** 対数の性質❶の証明

$\log_a M=p$，$\log_a N=q$ とすると，$M=a^p$，$N=a^q$ 　〈 $M=a^p \iff \log_a M=p$

$MN=a^p \times a^q=$ 01 ____

よって，$\log_a MN=$ 02 ____

すなわち，$\log_a MN=\log_a M+\log_a N$

**2** 対数の性質❸の証明

$\log_a M=p$ とすると，$M=a^p$

$M=a^p$ の両辺を $k$ 乗すると，$M^k=$ 03 ____

よって，$\log_a M^k=$ 04 ____

すなわち，$\log_a M^k=k\log_a M$

重要　対数の性質の特別な場合

$\log_a \dfrac{1}{N}=\log_a N^{-1}=-\log_a N$

$\log_a \sqrt[n]{M}=\log_a M^{\frac{1}{n}}=\dfrac{1}{n}\log_a M$

## 対数の計算

**1** $\log_4 2+\log_4 8=\log_4(2\,\underset{05}{\phantom{xx}}\,8)$ 　〈 $\log_a M+\log_a N=\log_a MN$

$\quad\quad\quad\quad\quad =\log_4\,\underset{06}{\phantom{xx}}^{\,2}$

$\quad\quad\quad\quad\quad = $ 07 ____

**2** $\log_3 4-2\log_3 6=\log_3 4-\log_3 6^2$ 　〈 $\log_a M^k=k\log_a M$

$\quad\quad\quad\quad\quad\quad =\log_3 \dfrac{\underset{08}{\phantom{xx}}}{\underset{09}{\phantom{xx}}}$ 　〈 $\log_a M-\log_a N=\log_a \dfrac{M}{N}$

$\quad\quad\quad\quad\quad\quad = $ 10 $\log_3 3^{\square}$

$\quad\quad\quad\quad\quad\quad = $ 11 ____

No.

Date

数 II
MATHEMATICS II

THE LOOSE-LEAF STUDY GUIDE
FOR HIGH SCHOOL STUDENTS

THEME **底の変換**

底の変換公式

$a$, $b$, $c$ は正の数で, $a \neq 1$, $c \neq 1$ とするとき, $\log_a b = \dfrac{\log_c b}{\log_c a}$

特に, $\log_a b = \dfrac{1}{\log_b a}$

## 底の変換公式

### 底の変換公式の証明

$\log_a b = p$ とすると, $b = a^p$

$c$ を底とする両辺の対数をとると, $\log_c b =$ 01 _____

$\log_a M^k = k \log_a M$ より, $\log_c b =$ 02 _____

$a \neq 1$ より, $\log_c a \neq 0$ だから, 両辺を $\log_c a$ で割ると,

$$\frac{\text{03}\rule{2cm}{0.4pt}}{\log_c a} = \frac{\text{04}\rule{2cm}{0.4pt}}{\log_c a}$$

よって, $\dfrac{\log_c b}{\log_c a} = p$

すなわち, $\log_a b = \dfrac{\log_c b}{\log_c a}$

## 底の変換公式を使った計算

● $\log_{16} 32$ を簡単にしなさい。

底を 2 とする対数に変換する。

$$\log_{16} 32 = \frac{\text{05}\rule{2cm}{0.4pt}}{\log_2 16}$$

$$= \frac{\text{06}\ \log_2 2^\square}{\log_2 2^4}$$

$$= \frac{\text{07}\rule{1.5cm}{0.4pt}\ \log_2 2}{4\log_2 2}$$

$$= \text{08}\rule{2cm}{0.4pt}$$

$\log_a b = \dfrac{\log_c b}{\log_c a}$

別解

指数関数を含む方程式で考える。

$\log_{16} 32 = x$ とすると,

09 _____ $^x =$ 10 _____     ← $M = a^p \iff \log_a M = p$

11 _____ $(2^\square)^x =$ 12 $2^\square$

$2^{4x} = 2^5$

$4x = 5$

$x =$ 13 _____

NO.
数 II
MATHEMATICS II

THE LOOSE-LEAF STUDY GUIDE
FOR HIGH SCHOOL STUDENTS

THEME 底の変換

## 底の異なる対数の計算

**1** $\log_3 6 \cdot \log_6 8 \cdot \log_2 9$

$= \dfrac{\log_2 6}{\log_2 3} \cdot \dfrac{\boxed{14}}{\boxed{15}} \cdot \log_2 3^2$    ←$\log_3 6$，$\log_6 8$ を底を 2 とする対数に変換する

$= \dfrac{\log_2 6}{\log_2 3} \cdot \dfrac{\boxed{16}\,\log_2 2^{\square}}{\boxed{17}} \cdot 2\log_2 3$

$= \dfrac{\log_2 6}{\log_2 3} \cdot \dfrac{\boxed{18}}{\log_2 6} \cdot 2\log_2 3$

$= \boxed{19}$

**2** $\log_3 18 - \log_9 4$

$= \log_3 18 - \dfrac{\boxed{20}}{\boxed{21}}$    ←$\log_9 4$ を底を 3 とする対数に変換する

$= \log_3 18 - \dfrac{2\log_3 2}{\log_3 3^2}$

$= \log_3 18 - \boxed{22}$   $\left.\begin{array}{l} \\ \\ \end{array}\right\}$ $\log_a M - \log_a N = \log_a \dfrac{M}{N}$

$= \log_3 9$   ←$\log_3 9 = \log_3 3^2$

$= \boxed{23}$

**3** $(\log_2 3 + \log_4 9)(\log_3 2 + \log_9 4)$

$= \left(\log_2 3 + \dfrac{\log_2 9}{\log_2 4}\right)\left(\dfrac{\log_2 2}{\log_2 3} + \dfrac{\log_2 4}{\log_2 9}\right)$    ←$\log_4 9$，$\log_3 2$，$\log_9 4$ を底を 2 とする対数に変換する

$= \left(\log_2 3 + \dfrac{\boxed{24}}{2}\right)\left(\dfrac{1}{\log_2 3} + \dfrac{\boxed{25}}{2\log_2 3}\right)$   ←$\log_4 4 = \log_2 2^2$，$\log_2 9 = \log_2 3^2 = 2\log_2 3$

$= \left(\log_2 3 + \boxed{26}\right)\left(\dfrac{1}{\log_2 3} + \dfrac{\boxed{27}}{\log_2 3}\right)$

$= \boxed{28}\,\log_2 3 \cdot \dfrac{\boxed{29}}{\log_2 3}$

$= \boxed{30}$

No.

数 II

Date

MATHEMATICS II

THE LOOSE-LEAF STUDY GUIDE
FOR HIGH SCHOOL STUDENTS

# THEME 対数関数のグラフ

関数 $y=\log_a x\,(a>0,\ a\neq1)$ を，$a$ を底とする $x$ の対数関数という。

対数関数 $y=\log_a x$ のグラフの性質

❶ 点 $(1,\ 0)$，$(a,\ 1)$ を通る。

❷ $y$ 軸が漸近線である。
└─ グラフが限りなく近づく直線

❸ $\begin{cases} a>1 \text{ のとき，右上がりの曲線。} \\ 0<a<1 \text{ のとき，右下がりの曲線。} \end{cases}$

$a>1$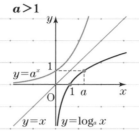

$0<a<1$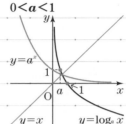

重要　対数関数 $y=\log_a x$ のグラフは，指数関数 $y=a^x$ のグラフと直線 $y=x$ に関して対称。

## $y=\log_a x$ のグラフ

次の関数のグラフをかきなさい。

**1** $y=\log_2 x$

手順1　$x$ と $y$ の対応表を作る。

| $x$ | $\dfrac{1}{8}$ | $\dfrac{1}{4}$ | $\dfrac{1}{2}$ | 1 | 2 | 4 | 8 |
|---|---|---|---|---|---|---|---|
| $y$ | 01 | 02 | 03 | 0 | 04 | 05 | 06 |

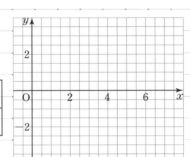

07 グラフをかきなさい

手順2　対応表の値の組を座標とする点をとる。

手順3　とった点を結ぶ曲線をかく。

**2** $y=\log_{\frac{1}{2}} x$

| $x$ | $\dfrac{1}{8}$ | $\dfrac{1}{4}$ | $\dfrac{1}{2}$ | 1 | 2 | 4 | 8 |
|---|---|---|---|---|---|---|---|
| $y$ | 08 | 09 | 10 | 0 | 11 | 12 | 13 |

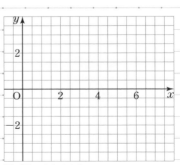

14 グラフをかきなさい

解法 CHECK

対数関数 $y=\log_a x$ の特徴

❶定義域は正の数全体，値域は実数全体である。

❷$a>1$ のとき，増加関数。

　すなわち，

　$0<p<q \iff \log_a p < \log_a q$

❸$0<a<1$ のとき，減少関数。

　すなわち，

　$0<p<q \iff \log_a p > \log_a q$

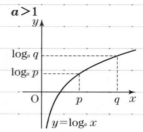

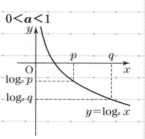

## 対数の大小

次の2つの数の大小を不等号を用いて表しなさい。

**1** $2\log_4 5,\ 3\log_4 3$

　手順1　$2\log_4 5=\log_4 5^2=\log_4$ 〔01〕

　　　　$3\log_4 3=\log_4 3^3=\log_4$ 〔02〕

　　　　$\boxed{\log_a M^k = k \log_a M}$

　手順2　底4は1より大きいから，$\log_4 25$ 〔03〕　　$\log_4 27$

　　　　すなわち，$2\log_4 5$ 〔04〕　　$3\log_4 3$

　　　　関数 $y=\log_4 x$ は増加関数
　　　　だから，真数が大きいほど
　　　　大きくなる。

**2** $2\log_{\frac{1}{3}} 3,\ \dfrac{1}{2}\log_{\frac{1}{3}} 100$

　手順1　$2\log_{\frac{1}{3}} 3=\log_{\frac{1}{3}} 3^2=\log_{\frac{1}{3}}$ 〔05〕

　　　　$\dfrac{1}{2}\log_{\frac{1}{3}} 100=\log_{\frac{1}{3}} 100^{\frac{1}{2}}=\log_{\frac{1}{3}}\sqrt{100}=\log_{\frac{1}{3}}$ 〔06〕

　手順2　底 $\dfrac{1}{3}$ は1より小さいから，$\log_{\frac{1}{3}} 9$ 〔07〕　　$\log_{\frac{1}{3}} 10$

　　　　すなわち，$2\log_{\frac{1}{3}} 3$ 〔08〕　　$\dfrac{1}{2}\log_{\frac{1}{3}} 100$

　　　　関数 $y=\log_{\frac{1}{3}} x$ は減少関数
　　　　だから，真数が大きいほど
　　　　小さくなる。

**3** $\log_3 5,\ \log_9 36$

　手順1　底の変換公式を用いて底をそろえる。

　　　　$\log_9 36=\dfrac{\log_3 36}{〔09〕}=\dfrac{\log_3 36}{2}=\dfrac{1}{2}\log_3 36=$ 〔10〕

　　　　$\boxed{\log_a b = \dfrac{\log_c b}{\log_c a}}$

　手順2　底3は1より大きいから，$\log_3 5$ 〔11〕　　$\log_3 6$

　　　　すなわち，$\log_3 5$ 〔12〕　　$\log_9 36$

No.

数 II

MATHEMATICS II

Date

THE LOOSE-LEAF STUDY GUIDE
FOR HIGH SCHOOL STUDENTS

THEME **対数関数を含む方程式，不等式**

 解法 CHECK

対数関数を含む方程式の解き方

$\log_3 x = 2$　　対数の定義から，$x = 3^2 =$ 01

対数関数を含む不等式の解き方

$\log_3 x < 2$　　真数は正だから，$x > 0$　　……①

不等式を変形すると，$\log_3 x < \log_3 3^2$　　$\log_3 x < \log_3 9$

底 3 は 1 より大きいから，$x$ 02 　　9　　……②

①，②の共通範囲を求めると，03

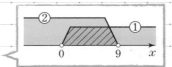

## 対数関数を含む方程式

●方程式 $\log_2 x + \log_2 (x-6) = 4$ を解きなさい。

真数は正だから，$x > 0$ かつ $x - 6 > 0$

すなわち，$x >$ 04 　　……①

方程式を変形すると，$\log_2 x(x-6) = 4$

$\log_2 x(x-6) = \log_2 2^4$

$\boxed{\log_a MN = \log_a M + \log_a N}$

←4 を底が 2 の対数で表す

よって，$x(x-6) = 2^4$

$\boxed{\log_a p = \log_a q \iff p = q}$

これを解くと，$x =$ 05

①より，$x =$ 06

$x = -2$ は①を
満たさない。　注意

$$x^2 - 6x - 16 = 0$$
$$(x+2)(x-8) = 0$$

## 対数関数を含む不等式

●不等式 $\log_{\frac{1}{2}}(x+2) > -3$ を解きなさい。

真数は正だから，$x + 2 > 0$　　すなわち，$x >$ 07 　　……①

不等式を変形すると，$\log_{\frac{1}{2}}(x+2) > \log_{\frac{1}{2}}\left(\dfrac{1}{2}\right)^{-3}$ ←−3 を底が $\frac{1}{2}$ の対数で表す

底 $\dfrac{1}{2}$ は 1 より小さいから，$x + 2$ 08 　　$\left(\dfrac{1}{2}\right)^{-3}$　　関数 $y = \log_{\frac{1}{2}} x$ は減少関数。

すなわち，$x <$ 09 　　……②

①，②の共通範囲を求めると，10

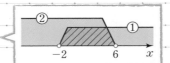

解法 CHECK

対数関数を含む関数の最大値・最小値の求め方

❶ $\log_a x = t$ とおいて，$t$ の値の範囲を求める。

❷ $y = (t\,の\,2\,次式)$ で表し，左辺を平方完成する。

❸ $t$ の値の範囲から $y$ の最大値，最小値を求める。

## 対数関数を含む関数の最大・最小

● 関数 $y = (\log_2 x)^2 - \log_2 x^4 + 1\,(1 \leq x \leq 32)$ の最大値と最小値を求めなさい。

手順1　$\log_2 x = t$ とおくと，$\log_2 x$ の底 2 は 1 より大きいから，

$1 \leq x \leq 32$ のとき，

$\log_2\,\underline{\text{01}\quad} \leq \log_2 x \leq \log_2\,\underline{\text{02}\quad}$ 　　←$0 < p < q$ ならば $\log_a p < \log_a q$

$\underline{\text{03}}\,\log_2 2^{\square} \leq \log_2 x \leq \underline{\text{04}}\,\log_2 2^{\square}$

$\underline{\text{05}\quad} \leq t \leq \underline{\text{06}\quad}$ 　$\cdots\cdots$①

手順2　関数の式を変形すると，

$y = (\log_2 x)^2 - \log_2 x^4 + 1 = (\log_2 x)^2 - \underline{\text{07}\qquad} + 1$

　　　　　　　　　　　　　　　　　$\vdash \log_a M^k = k\log_a M$

$y$ を $t$ の式で表し，平方完成すると，

$y = t^2 - 4t + 1 = \underline{\text{08}\qquad}$ 　$\cdots\cdots$②

　　　　　　　　$\vdash (x-p)^2 + q$ の形にする

手順3　②のグラフは右の図のようになる。

①の範囲において，$y$ は，

$t = \underline{\text{09}\qquad}$ で最大値 $\underline{\text{10}\qquad}$

$t = \underline{\text{11}\qquad}$ で最小値 $\underline{\text{12}\qquad}$

をとる。

$t = 5$ のとき，$\log_2 x = 5$ だから，$x = \underline{\text{13}\qquad}$

$t = 2$ のとき，$\log_2 x = 2$ だから，$x = \underline{\text{14}\qquad}$

よって，この関数は，

$x = \underline{\text{15}\qquad}$ で最大値 $\underline{\text{16}\qquad}$,

$x = \underline{\text{17}\qquad}$ で最小値 $\underline{\text{18}\qquad}$

をとる。

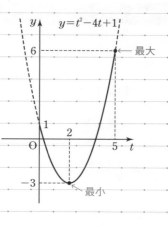

No.

Date

数 II
MATHEMATICS II

THE LOOSE-LEAF STUDY GUIDE
FOR HIGH SCHOOL STUDENTS

THEME **常用対数**

常用対数

$\log_{10} 2$ のように，10 を底とする対数を常用対数という。

正の整数 $M$ は，$M = a \times 10^n$（ただし，$n$ は整数で，$1 \leq a < 10$）と表される。

このとき，$\log_{10} M = \log_{10}(a \times 10^n) = \log_{10} a + \log_{10} 10^n = \log_{10} a + n$

自然数 $N$ が $k$ 桁のときの $N$ の常用対数の値

$10^{k-1} \leq N < 10^k \iff k-1 \leq \log_{10} N < k$

## 常用対数の値

$\log_{10} 2.34 = 0.3692$ として，次の値を小数第 4 位まで求めなさい。

**1** $\log_{10} 234000$

$= \log_{10}(2.34 \times {}_{01}\,10^{\square})$

$= \log_{10} 2.34 + \log_{10} 10^5 \quad \leftarrow \log_a MN = \log_a M + \log_a N$

$= 0.3692 + {}_{02}\quad \leftarrow \log_a a^p = p$

$= {}_{03}$

**2** $\log_{10} 0.000234$

$= \log_{10}(2.34 \times {}_{04}\,10^{\square})$

$= \log_{10} 2.34 + \log_{10} 10^{-4} \quad \leftarrow \log_a MN = \log_a M + \log_a N$

$= 0.3692 + ({}_{05}\quad) \quad \leftarrow \log_a a^p = p$

$= {}_{06}$

## 常用対数と自然数の桁数

**1** 自然数 $N$ が 4 桁の数のとき，$\log_{10} N$ の値の範囲を不等号を用いて表しなさい。

自然数 $N$ が 4 桁の数ということは，$1000 \leq N < 10000$

すなわち，${}_{07}\,10^{\square} \leq N < {}_{08}\,10^{\square}$

常用対数をとると，$\log_{10} 10^3 \leq \log_{10} N < \log_{10} 10^4$

よって，${}_{09}\quad \leq \log_{10} N < {}_{10}$

**2** $2^{100}$ は何桁の数か求めなさい。ただし，$\log_{10} 2 = 0.3010$ とする。

常用対数をとると，$\underline{\log_{10} 2^{100} = 100 \log_{10} 2 = 100 \times 0.3010 = 30.1}$

$\quad\quad\quad\quad \llcorner \log_a M^k = k \log_a M$

これより，$30 < \log_{10} 2^{100} < {}_{11}$

$\quad\quad \log_{10} 10^{30} < \log_{10} 2^{100} < \log_{10} 10^{31} \quad \leftarrow \log_a a^p = p$

よって，$10^{30} < 2^{100} < {}_{12}$ ⟨ 関数 $y = \log_{10} x$ は増加関数。

したがって，$2^{100}$ は ${}_{13}\quad$ 桁の数である。

No.

数 II
MATHEMATICS II

THE LOOSE-LEAF STUDY GUIDE
FOR HIGH SCHOOL STUDENTS

THEME **常用対数**

## $n$ 桁 に な る よ う な 指 数

● $5^n$ が10桁の数となるような自然数 $n$ をすべて求めなさい。ただし，$\log_{10}5 = 0.6990$ とする。

$5^n$ が10桁の数となるから，　　$10^{k-1} \leqq N < 10^k \iff k-1 \leqq \log_{10}N < k$

$$_{14}10^{\square} \qquad \leqq 5^n <\ _{15}10^{\square}$$

常用対数をとると，

$$_{16}\log_{10}10^{\square} \leqq \log_{10}5^n <\ _{17}\log_{10}10^{\square}$$

$$_{18}\underline{\qquad} \leqq n\log_{10}5 <\ _{19}\underline{\qquad}$$

$\log_{10}5 = 0.6990 > 0$ だから，

$$\frac{_{20}\underline{\qquad}}{\log_{10}5} \leqq n < \frac{_{21}\underline{\qquad}}{\log_{10}5}$$

$$\frac{9}{0.6990} \leqq n < \frac{10}{0.6990}$$

$$12.8\cdots \leqq n < 14.3\cdots$$

この不等式を満たす自然数 $n$ は，$n =\ _{22}\underline{\qquad}$

## 常 用 対 数 の 応 用

● 30分ごとに分裂して，個数が2倍に増えるバクテリアがある。このバクテリア1個が，1億個以上になるのは何時間後か。ただし，$\log_{10}2 = 0.3010$ とし，答えは整数で求めなさい。

$x$ 時間後のバクテリアの個数は，　←1時間後に $1\times2^2$（個），2時間後に $1\times2^4$（個），3時間後に $1\times2^6$（個），……

$$1\times\ _{23}2^{\square} \qquad \text{（個）}$$

1億個 $= 10^8$ 個より，

$$_{24}2^{\square} \qquad \geqq 10^8$$

両辺の常用対数をとると，底10は1より大きいから，

$$_{25}\log_{10}2^{\square} \qquad \geqq \log_{10}10^8$$

$$2x\log_{10}2 \geqq\ _{26}\underline{\qquad}$$

$$x \geqq \frac{8}{2\times0.3010} = 13.2\cdots$$

$x$ は整数だから，$x =\ _{27}\underline{\qquad}$

よって，バクテリアが1億個以上になるのは $_{28}\underline{\qquad}$　　時間後。

No.

数 II

Date

MATHEMATICS II

THE LOOSE-LEAF STUDY GUIDE
FOR HIGH SCHOOL STUDENTS

# THEME 微分係数

## 公式 CHECK

● 関数 $y=f(x)$ において，$x$ の値が $a$ から $b$ まで変化するとき，

$$平均変化率 = \frac{y\text{ の変化量}}{x\text{ の変化量}} = \frac{f(b)-f(a)}{b-a}$$

● 関数 $y=f(x)$ の $x=a$ における微分係数

$$f'(a) = \lim_{h \to 0} \frac{f(a+h)-f(a)}{h}$$

## 平均変化率

● 2次関数 $y=x^2$ において，$x=1$ から $x=1+h$ までの平均変化率を求めなさい。

$$\frac{(1+h)^2-1^2}{(1+h)-1} = \frac{2h+h^2}{h} = \text{01}\underline{\qquad}$$

平均変化率は，関数 $y=f(x)$ のグラフ上の2点 $A(a, f(a))$，$B(b, f(b))$
を通る直線 AB の 02 $\underline{\qquad}$ を表す。

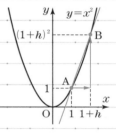

## 極限値

● $\lim_{h \to 0}(8-4h+h^2)$ の極限値を求めなさい。

$$\lim_{h \to 0}(8-4h+h^2) = \text{03}\underline{\qquad}$$

$h$ が 0 に限りなく近づくとき，$8-4h+h^2$ の極限値は 8 であるといい，

記号 lim を用いて

$$\lim_{h \to 0}(8-4h+h^2) = 8 \text{ と表す。}$$

## 微分係数

● 関数 $y=x^2$ の $x=2$ における微分係数を求めなさい。

$$f'(2) = \lim_{h \to 0} \frac{f(2+h)-f(2)}{h} = \lim_{h \to 0} \frac{(2+h)^2-2^2}{h} = \lim_{h \to 0} \frac{4h+h^2}{h}$$

$$= \lim_{h \to 0} (\text{04}\underline{\qquad}) = \text{05}\underline{\qquad}$$

関数 $y=x^2$ のグラフ上の点 $(2, 4)$ における接線の傾きは 06 $\underline{\qquad}$

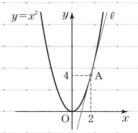

**重要**

接線の傾きと微分係数
関数 $y=f(x)$ のグラフ上の点 $A(a, f(a))$
における接線の傾きは，関数 $y=f(x)$ の
$x=a$ における微分係数 $f'(a)$ に等しい。

直線 $\ell$ を，グラフ上の点 A における
接線といい，A を接点という。直線
$\ell$ はこの曲線に点 A で接するという。

## 公式 CHECK

● 導関数 $f'(x)$

$$f'(x) = \lim_{h \to 0} \frac{f(x+h) - f(x)}{h}$$ →関数 $y=f(x)$ の導関数を，$y'$，$\dfrac{dy}{dx}$，$\dfrac{d}{dx}f(x)$ などと表すこともある

● 関数 $x^n$ の導関数は，$(x^n)' = nx^{n-1}$ （$n$ は正の整数）

● 定数関数 $c$ の導関数は，$(c)' = 0$

## 導関数

**1** 関数 $f(x) = x^3$ の導関数

$$f'(x) = \lim_{h \to 0} \frac{(x+h)^3 - x^3}{h} = \lim_{h \to 0} \frac{3x^2 h + 3xh^2 + h^3}{h}$$  ← $(a+b)^3 = a^3 + 3a^2 b + 3ab^2 + b^3$

$$= \lim_{h \to 0} (\underline{\quad 01 \quad}) = \underline{02}$$  ← $3xh$，$h^2$ はどちらも 0 に限りなく近づく

**2** 関数 $f(x) = 6$ の導関数

$$f'(x) = \lim_{h \to 0} \frac{6 - 6}{h} = \lim_{h \to 0} 0 = \underline{03}$$

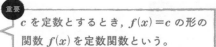

> **重要** $c$ を定数とするとき，$f(x) = c$ の形の関数 $f(x)$ を定数関数という。

## $(x^n)' = nx^{n-1}$ の証明

### 証明

導関数の定義より，$(x^n)' = \lim_{h \to 0} \dfrac{(x+h)^n - x^n}{h}$

二項定理から，

$$(x+h)^n = {}_n C_0 x^n + {}_n C_1 x^{n-1} h + {}_n C_2 x^{n-2} h^2 + \cdots\cdots + {}_n C_n h^n$$

> $(a+b)^n$
> $= {}_n C_0 a^n + {}_n C_1 a^{n-1} b + {}_n C_2 a^{n-2} b^2 + \cdots + {}_n C_n b^n$

$$= x^n + nx^{n-1} h + \frac{1}{2} n(n-1) x^{n-2} h^2 + \cdots\cdots + h^n$$  ← ${}_n C_0 = 1$，${}_n C_n = 1$ **注意**

よって，$\dfrac{(x+h)^n - x^n}{h} = \underline{04} + \dfrac{1}{2} n(n-1) x^{n-2} h + \cdots\cdots + h^{n-1}$

これより，$\lim_{h \to 0} \dfrac{(x+h)^n - x^n}{h} = \underline{05}$  ← $h$ を含む項はどれも 0 に限りなく近づく

すなわち，$(x^n)' = nx^{n-1}$

No.

数 II
MATHEMATICS II

Date

THE LOOSE-LEAF STUDY GUIDE
FOR HIGH SCHOOL STUDENTS

THEME **導関数の計算**

**公式 CHECK**

関数の定数倍と和, 差の導関数

❶ $y=kf(x)$ を微分すると, $y'=kf'(x)$ （$k$ は定数）

❷ $y=f(x)+g(x)$ を微分すると, $y'=f'(x)+g'(x)$

❸ $y=f(x)-g(x)$ を微分すると, $y'=f'(x)-g'(x)$

**$y'=f'(x)+g'(x)$**

2 つの関数を $f(x)=x^3$, $g(x)=x^2$ とすると, $f'(x)=$ 01＿＿＿, $g'(x)=$ 02＿＿＿

これより, 関数 $f'(x)+g'(x)=$ 03＿＿＿

次に, 関数 $y=f(x)+g(x)$ の導関数は,

$$y'=\lim_{h\to 0}\frac{\{(x+h)^3+(x+h)^2\}-(x^3+x^2)}{h}=\lim_{h\to 0}\left\{\frac{(x+h)^3-x^3}{h}+\frac{(x+h)^2-x^2}{h}\right\}$$

$$=\lim_{h\to 0}\{(\text{04}\qquad)+(2x+h)\} \quad\leftarrow (a+b)^3=a^3+3a^2b+3ab^2+b^3$$

$$=\text{05}$$

よって, $y=f(x)+g(x)$ を微分すると, $y'=f'(x)+g'(x)$

**関数の微分**

次の関数を微分しなさい。

重要
関数 $f(x)$ から導関数 $f'(x)$ を求めることを,
$f(x)$ を $x$ で微分するまたは単に微分するという。

**1** $y=\dfrac{2}{3}x^3+\dfrac{5}{2}x^2-4x$

$y'=\dfrac{2}{3}(x^3)'+\dfrac{5}{2}(x^2)'-4(x)'$

$=\dfrac{2}{3}\cdot$ 06＿＿ $+\dfrac{5}{2}\cdot$ 07＿＿ $-4\cdot$ 08＿＿

$=$ 09＿＿

**2** $y=(x-3)(x-1)^2$

右辺を展開すると, $y=$ 10＿＿

$y'=(x^3)'-5(x^2)'+7(x)'-(3)'$

$=3x^2-5\cdot 2x+7\cdot 1-$ 11＿＿

$=$ 12＿＿

## 微分係数の求め方

●関数 $f(x)=-2x^2+7x-1$ について，$x=3$ における $f(x)$ の微分係数を求めなさい。

$f(x)$ を微分すると，$f'(x)=$ 13 _____

よって，$f'(x)$ に $x=3$ を代入すると，

$f'(x)=$ 14 _____ $\cdot 3+$ 15 _____ $=$ 16 _____

## 条件を満たす2次関数

●次の条件を満たす2次関数 $f(x)$ を求めなさい。

$f(2)=3$, $f'(1)=4$, $f'(-1)=-8$

$f(x)=ax^2+bx+c$ $(a \neq 0)$ とおく。

$f(x)$ を微分すると，$f'(x)=$ 17 _____ $\qquad (x^n)'=nx^{n-1}$

$f(2)=3$ から，$\quad 4a+2b+c=3 \qquad$ ……① $\qquad \leftarrow f(2)=a \cdot 2^2+b \cdot 2+c$

$f'(1)=4$ から，$\quad$ 18 _____ $=4 \qquad$ ……②

$f'(-1)=-8$ から，19 _____ $=-8 \quad$ ……③

②−③より，$a=$ 20 _____ $\qquad \begin{array}{r} 2a+b=4 \\ \leftarrow -)\ -2a+b=-8 \\ \hline 4a\quad=12 \end{array}$

②に $a=3$ を代入して $b$ の値を求めると，$b=$ 21 _____

①に $a=3$, $b=-2$ を代入して $c$ の値を求めると，$c=$ 22 _____ $\quad \leftarrow 4 \cdot 3+2 \cdot (-2)+c=3$

よって，$f(x)=$ 23 _____

## いろいろな関数の導関数

●半径 $r$ の球の表面積 $S$ と体積 $V$ をそれぞれ $r$ の関数とみて，$S$ と $V$ をそれぞれ $r$ で微分しなさい。

球の表面積 $S$ は，$S=$ 24 _____

$S$ を $r$ で微分すると，$S'=4\pi \cdot$ 25 _____ $=$ 26 _____

> 変数が $x$, $y$ 以外の文字で表される関数についても，$x$, $y$ のときと同じように導関数を考えることができる。

球の体積 $V$ は，$V=$ 27 _____

$V$ を $r$ で微分すると，$V'=\dfrac{4}{3}\pi \cdot$ 28 _____ $=$ 29 _____

No.

Date

数 II
MATHEMATICS II

THE LOOSE-LEAF STUDY GUIDE
FOR HIGH SCHOOL STUDENTS

## THEME 接線の方程式

関数 $y=f(x)$ のグラフ上の点 $(a,\ f(a))$ における接線の方程式は，

$$y-f(a)=f'(a)(x-a)$$

### 接線の方程式

●関数 $y=x^2-4x+7$ のグラフ上の点 $(3,\ 4)$ における接線 $\ell$ の方程式を求めなさい。

点 $(3,\ 4)$ における接線 $\ell$ の傾きを求めて，接線の方程式の公式を利用する。

$f(x)=x^2-4x+7$ とする。

$f(x)$ を微分すると，$f'(x)=$ 01

よって，接線 $\ell$ の傾きは，

$f'(3)=2\cdot3-4=$ 02 ◁ 接線 $\ell$ の傾き＝微分係数 $f'(3)$

接線 $\ell$ は点 $(3,\ 4)$ を通り，傾きが $2$ の直線だから，その方程式は，

$y-4=$ 03 $(x-3)$ ◁ $y-f(a)=f'(a)(x-a)$

すなわち，$y=$ 04

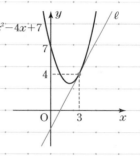

$y=x^2-4x+7$

### グラフ上にない点から引いた接線

●関数 $y=-x^2+2$ のグラフに点 $(-1,\ 5)$ から引いた $2$ 本の接線の方程式を求めなさい。

手順1　$y$ を微分すると，$y'=$ 05

接点の座標を $(a,\ -a^2+2)$ とすると，接線の傾きは 06

これより，接線の方程式は，

$y-(-a^2+2)=-2a(x-a)$ ← $y-f(a)=f'(a)(x-a)$

整理すると，$y=$ 07 ……①

手順2　直線①が点 $(-1,\ 5)$ を通るから，

$5=-2a(-1)+a^2+2$ ←①に $x=-1,\ y=5$ を代入

整理すると，$a^2+2a-3=0$　これを解くと，$a=$ 08

$a=-3$ のとき，$y=-2\cdot(-3)x+(-3)^2+2$

すなわち，$y=$ 09 ◁ 接点の座標は点 $(-3,\ -7)$

$a=1$ のとき，$y=-2\cdot1\cdot x+1^2+2$

すなわち，$y=$ 10 ◁ 接点の座標は点 $(1,\ 1)$

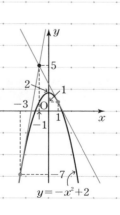

$y=-x^2+2$

## THEME 関数の増減と導関数

関数 $f(x)$ の増減は, $\begin{cases} f'(x)>0 \text{ となる } x \text{ の値の範囲では } \underline{\text{増加}}。 \\ f'(x)<0 \text{ となる } x \text{ の値の範囲では } \underline{\text{減少}}。 \end{cases}$

$f'(x)=0$ となる $x$ の値の範囲では, $f(x)$ は一定の値をとる。

### 関数の増減を調べる

● 関数 $f(x)=x^3+3x^2-9x$ の増減を調べなさい。

**手順1** 導関数 $f'(x)$ を求め, $f'(x)=0$, $f'(x)>0$, $f'(x)<0$ を解く。

$$f'(x)=3x^2+6x-9=3(x+3)(x-1)$$

$f'(x)=0$ を解くと, $x=$ 01 _____

$f'(x)>0$ を解くと, 02 _____

$f'(x)<0$ を解くと, 03 _____

> $\alpha<\beta$ のとき,
> $(x-\alpha)(x-\beta)>0 \rightarrow x<\alpha,\ \beta<x$
> $(x-\alpha)(x-\beta)<0 \rightarrow \alpha<x<\beta$

**手順2** 増減表を作る。

| $x$ | …… | $-3$ | …… | $1$ | …… |
|---|---|---|---|---|---|
| $f'(x)$ | $+$ | $0$ | $-$ | $0$ | $+$ |
| $f(x)$ | ↗ | 04 | ↘ | 05 | ↗ |

<sub>増加を表す</sub>　　<sub>減少を表す</sub>

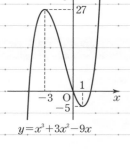

$y=x^3+3x^2-9x$

**手順3** よって, 関数 $f(x)$ は, $x\leq-3$, $1\leq x$ で 06 _____ し,

$-3\leq x\leq 1$ で 07 _____ する。

関数が増加または減少する $x$ の値の範囲には, $f'(x)=0$ となる $x$ の値も含まれるから, 不等号は $\leqq$ とする。

### 常に増加, 減少する関数

● 関数 $f(x)=x^3$ の増減

$f'(x)=3x^2$ より, $f(x)$ の増減表は, 次のようになる。

| $x$ | …… | $0$ | …… |
|---|---|---|---|
| $f'(x)$ | 08 | $0$ | 09 |
| $f(x)$ | ↗ | $0$ | ↗ |

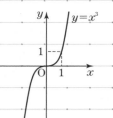

> 関数 $f(x)=-x^3$ は常に減少する。

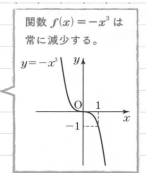

よって, $f(x)=x^3$ は常に 10 _____ する。

No.
Date
数 II
MATHEMATICS II
THE LOOSE-LEAF STUDY GUIDE
FOR HIGH SCHOOL STUDENTS

# THEME 関数の極大・極小

### 解法 CHECK

関数 $f(x)$ が $x=a$ を境目として，増加から減少に移るとき，

$f(x)$ は $x=a$ で ___01___ であるといい，$f(a)$ を

___02___ という。

関数 $f(x)$ が $x=b$ を境目として，減少から増加に移るとき，

$f(x)$ は $x=b$ で ___03___ であるといい，$f(b)$ を

___04___ という。

極大値と極小値をまとめて ___05___ という。

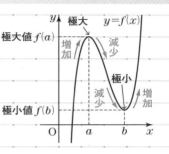

## 関数のグラフ

**1** 関数 $y=x^3-6x^2+9x+2$ の極値を求め，そのグラフをかきなさい。

$y'=3x^2-12x+9=3(x-1)(x-3)$

$y'=0$ とすると，$x=1,\ 3$

これより，$y$ の増減表は，次のようになる。

| $x$ | …… | 1 | …… | 3 | …… |
|:---:|:---:|:---:|:---:|:---:|:---:|
| $y'$ | $+$ | $0$ | $-$ | $0$ | $+$ |
| $y$ | ↗ | 極大<br>___06___ | ↘ | 極小<br>___07___ | ↗ |

よって，この関数は，$x=1$ で極大値 ___08___ ，$x=3$ で極小値 ___09___ をとる。

グラフは右の図のようになる。

$y=x^3-6x^2+9x+2$

**2** 関数 $y=-x^3+6x^2-12x$ の極値を求め，そのグラフをかきなさい。

$y'=-3x^2+12x-12=-3(x-2)^2$

$y'=0$ とすると，$x=2$

これより，$y$ の増減表は，次のようになる。

| $x$ | …… | 2 | …… |
|:---:|:---:|:---:|:---:|
| $y'$ | ___10___ | $0$ | ___11___ |
| $y$ | ↘ | ___12___ | ↘ |

グラフは右の図のようになる。

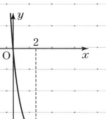

$y=-x^3+6x^2-12x$

> **重要**
> 関数 $f(x)$ が $x=a$ で極値をとるならば，$f'(a)=0$ である。
> しかし，このことの逆は成り立たない。
> $f'(a)=0$ であっても，$f(x)$ が $x=a$ で極値をとるとは限らない。

### 極値と関数の式

**1** 関数 $f(x)=x^3+ax^2+bx$ が $x=-2$ で極大値 $28$ をとるように，定数 $a$，$b$ の値を定めなさい。

関数 $f(x)$ が $x=p$ で極値 $q$ をとるならば，$f'(p)=0$，$f(p)=q$

$f(x)$ を微分すると，$f'(x)=3x^2+2ax+b$

$f'(-2)=0$ より，$4a-b=\underline{13}$ ……① ←$f'(-2)=3\cdot(-2)^2+2a(-2)+b=12-4a+b$

$f(-2)=28$ より，$2a-b=\underline{14}$ ……② ←$f(-2)=(-2)^3+a(-2)^2+b(-2)=-8+4a-2b$

①，②を連立方程式として解くと，

$a=\underline{15}$ ，$b=\underline{16}$

関数 $f(x)=x^3-3x^2-24x$ の増減表は下のようになる。 ←$f'(x)=3x^2-6x-24=3(x+2)(x-4)$

| $x$ | …… | $-2$ | …… | $4$ | …… |
|---|---|---|---|---|---|
| $f'(x)$ | $+$ | $0$ | $-$ | $0$ | $+$ |
| $f(x)$ | ↗ | 極大 $28$ | ↘ | 極小 $-80$ | ↗ |

注意
$f'(-2)=0$ であっても $x=-2$ で
極値をとるとは限らない。
また，極値をとってもそれが極大値
とは限らない。極小値の場合もある。
そこで増減表を作って確認する。

よって，関数 $f(x)$ は $x=-2$ で極大値 $28$ をとり，条件を満たす。

**2** 関数 $f(x)=-x^3+ax^2+bx$ が $x=3$，$x=-3$ で極値をとるように，定数 $a$，$b$ の値を定めなさい。

関数 $f(x)$ が $x=p$，$x=q$ で極値をとるならば，$f'(p)=0$，$f'(q)=0$

$f(x)$ を微分すると，$f'(x)=-3x^2+2ax+b$

$f'(3)=0$ より，$6a+b=\underline{17}$ ……① ←$f'(3)=-3\cdot3^2+2a\cdot3+b=-27+6a+b$

$f'(-3)=0$ より，$6a-b=\underline{18}$ ……② ←$f'(-3)=-3\cdot(-3)^2+2a(-3)+b=-27-6a+b$

①，②を連立方程式として解くと，

$a=\underline{19}$ ，$b=\underline{20}$

関数 $f(x)=-x^3+27x$ の増減表は下のようになる。 ←$f'(x)=-3x^2+27=-3(x+3)(x-3)$

| $x$ | …… | $-3$ | …… | $3$ | …… |
|---|---|---|---|---|---|
| $f'(x)$ | $-$ | $0$ | $+$ | $0$ | $-$ |
| $f(x)$ | ↘ | 極小 $-54$ | ↗ | 極大 $54$ | ↘ |

これより，関数 $f(x)$ は $x=-3$ で極小値 $-54$，$x=3$ で極大値 $54$ をとり，条件を満たす。

No.

Date

数 II

MATHEMATICS II

THE LOOSE-LEAF STUDY GUIDE
FOR HIGH SCHOOL STUDENTS

THEME **関数の最大・最小**

関数の最大値，最小値を求めるには，極大値，極小値，および定義域の端における関数の値を求めて，それらを比べる。

**関数の最大・最小**

● 関数 $f(x)=x^3-9x^2+24x$ $(0 \leqq x \leqq 5)$ の最大値と最小値を求めなさい。

**手順1** 導関数 $f'(x)$ を求め，増減表をかく。

$f'(x)=3x^2-18x+24=$ 01

$f'(x)=0$ とすると，$x=$ 02

これより，$f(x)$ の増減表は，次のようになる。

| $x$ | 0 | …… | 2 | …… | 4 | …… | 5 |
|---|---|---|---|---|---|---|---|
| $f'(x)$ | | + | 0 | − | 0 | + | |
| $f(x)$ | | ↗ | 極大値 | ↘ | 極小値 | ↗ | |

**手順2** 極大値，極小値，定義域の端の関数の値を求める。

極大値は，$f(2)=2^3-9 \cdot 2^2+24 \cdot 2=$ 03

極小値は，$f(4)=4^3-9 \cdot 4^2+24 \cdot 4=$ 04

$x=0$ のとき，$f(0)=0^3-9 \cdot 0^2+24 \cdot 0=$ 05

$x=5$ のとき，$f(5)=5^3-9 \cdot 5^2+24 \cdot 5=$ 06

**手順3** 極大値や極小値が，最大値や最小値と一致しない場合があるので，極値と定義域の端における関数の値との大小を調べる。

グラフは右の図のようになる。

よって，この関数は，

$x=2, 5$ で最大値 07 をとり，$x=0$ で最小値 08 をとる。
 最大値をとる $x$ の値は 2 つある

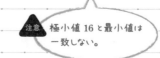 極小値 16 と最小値は一致しない。

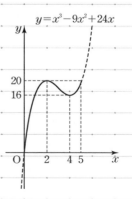
$y=x^3-9x^2+24x$

THEME **方程式，不等式への応用**

---

方程式 $f(x)=0$ の実数解は，関数 $y=f(x)$ のグラフと $x$ 軸の共有点の $x$ 座標である。

つまり，方程式 $f(x)=0$ の実数解の個数は，関数 $y=f(x)$ のグラフと $x$ 軸の共有点の個数と一致する。

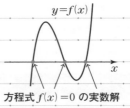

方程式 $f(x)=0$ の実数解

## 方程式の実数解の個数

● 方程式 $x^3-12x+4=0$ の異なる実数解の個数を求めなさい。

$y=x^3-12x+4$ とすると，$y'=3x^2-12=$ 01

$y'=0$ とすると，$x=$ 02

これより，$y$ の増減表は，次のようになる。

| $x$ | …… | $-2$ | …… | $2$ | …… |
|---|---|---|---|---|---|
| $y'$ | $+$ | $0$ | $-$ | $0$ | $+$ |
| $y$ | ↗ | 極大<br>03 | ↘ | 極小<br>04 | ↗ |

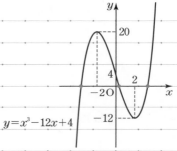

$y=x^3-12x+4$

よって，関数 $y=x^3-12x+4$ のグラフは，右の図のように，$x$ 軸と異なる 05 　　　点で交わる。

すなわち，方程式 $x^3-12x+4=0$ の異なる実数解の個数は 06 　　　個である。

## 不等式の証明

● $x \geqq 0$ のとき，不等式 $x^3+2 \geqq 3x$ が成り立つことを証明しなさい。

$x \geqq 0$ のとき，関数 $f(x)=(x^3+2)-3x$ の最小値が $0$ であることを証明する。

　証明

$f(x)=(x^3+2)-3x$ とすると，$f'(x)=3x^2-3=$ 07

$f'(x)=0$ とすると，$x=$ 08

$x \geqq 0$ において，$f(x)$ の増減表は，次のようになる。

| $x$ | $0$ | …… | $1$ | …… |
|---|---|---|---|---|
| $f'(x)$ | | $-$ | $0$ | $+$ |
| $f(x)$ | 09 | ↘ | 極小<br>10 | ↗ |

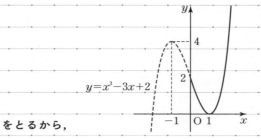

$y=x^3-3x+2$

よって，$x \geqq 0$ において，$f(x)$ は $x=1$ で最小値 11 　　　をとるから，

$f(x) \geqq 0$ 　　すなわち，$x \geqq 0$ のとき，$x^3+2 \geqq 3x$

---

No.

Date

数 II
MATHEMATICS II

THE LOOSE-LEAF STUDY GUIDE
FOR HIGH SCHOOL STUDENTS

THEME **不定積分**

**公式 CHECK**

関数 $f(x)$ の不定積分

$F'(x) = f(x)$ のとき，$\displaystyle\int f(x)\,dx = F(x) + C$ （$C$ は積分定数）

関数 $x^n$ の不定積分

$n$ が $0$ または正の整数のとき，$\displaystyle\int x^n dx = \frac{1}{n+1}x^{n+1} + C$ （$C$ は積分定数）

**導 関 数 と 不 定 積 分**

$F'(x) = f(x)$ のとき，関数 $F(x)$ を関数 $f(x)$ の原始関数という。

● ① $6x^2$，② $x^3+4$，③ $x^3+3x$ のうち，$3x^2$ の原始関数であるものを番号で答えなさい。

① $(6x^2)' =$ ___01___   ② $(x^3+4)' =$ ___02___   ③ $(x^3+3x)' =$ ___03___

よって，$3x^2$ の原始関数であるものは，___04___

このように，関数 $f(x)$ の任意の原始関数は，$F(x)+C$ の形で表され，定数 $C$ を ___05___ という。

$F(x)+C$ を，$f(x)$ の不定積分といい，$\displaystyle\int f(x)\,dx$ で表す。 → $\int$ は積分またはインテグラルと読む

関数 $f(x)$ の不定積分を求めることを，$f(x)$ を ___06___ するという。

**関 数 $x^n$ の 不 定 積 分**

**1** $(x)' = 1$ だから，$\displaystyle\int 1\,dx =$ ___07___ $+C$ → $\int 1\,dx$ は $1$ を省略して，$\int dx$ と書くことがある

$C$ は積分定数
└→ 今後，特に断らなくても，$C$ は積分定数を表すものとする

**2** $\left(\dfrac{1}{2}x^2\right)' = x$ だから，$\displaystyle\int x\,dx =$ ___08___ $+C$

**3** $\left(\dfrac{1}{3}x^3\right)' = x^2$ だから，$\displaystyle\int x^2\,dx =$ ___09___ $+C$

**4** $\left(\dfrac{1}{4}x^4\right)' = x^3$ だから，$\displaystyle\int x^3\,dx =$ ___10___ $+C$

重要

指数を 1 増やす

$$\int x^n\,dx = \frac{1}{n+1}x^{n+1} + C$$

1 増やして分母へ

NO.
数 II
MATHEMATICS II

THE LOOSE-LEAF STUDY GUIDE
FOR HIGH SCHOOL STUDENTS

THEME **不定積分**

**公式 CHECK**

関数の定数倍と和，差の不定積分

$F'(x) = f(x)$，$G'(x) = g(x)$ のとき，

❶ $\displaystyle\int kf(x)\,dx = kF(x) + C$ （$k$ は定数）　　❷ $\displaystyle\int \{f(x) + g(x)\}\,dx = F(x) + G(x) + C$

❸ $\displaystyle\int \{f(x) - g(x)\}\,dx = F(x) - G(x) + C$

## 不定積分

次の不定積分を求めなさい。

**1** $\displaystyle\int (x^2 + 4x - 1)\,dx = \underline{\phantom{11}}_{11}\ x^3 + 4 \cdot \underline{\phantom{12}}_{12}\ x^2 - x + C$ ◀ $\displaystyle\int x^n dx = \frac{1}{n+1}x^{n+1} + C$ **重要**

$= \underline{\phantom{13}}_{13}$

**2** $\displaystyle\int (3x - 2)^2\,dx = \int (9x^2 - 12x + 4)\,dx = 9 \cdot \underline{\phantom{14}}_{14}\ x^3 - 12 \cdot \underline{\phantom{15}}_{15}\ x^2 + 4x + C$

$= \underline{\phantom{16}}_{16}$

└ 積分定数 $C$ を書き
忘れないように！ **注意**

## 条件を満たす関数

● 次の 2 つの条件をともに満たす関数 $f(x)$ を求めなさい。

① $f'(x) = 3(x+5)(x-1)$　　② $f(-1) = 0$

**手順1** 条件①より，$f'(x)$ の不定積分 $\displaystyle\int f'(x)\,dx$ を求める。

$f(x) = \displaystyle\int 3(x+5)(x-1)\,dx = \int (3x^2 + 12x - 15)\,dx$ ← 展開して，$ax^2 + bx + c$ の形にする

$= \underline{\phantom{17}}_{17} + C$ ◀ $3 \cdot \dfrac{1}{3}x^3 + 12 \cdot \dfrac{1}{2}x^2 - 15x + C$

**手順2** 条件②より，$f(-1) = 0$ となる $C$ の値を求める。

$f(-1) = (-1)^3 + 6(-1)^2 - 15(-1) + C = \underline{\phantom{18}}_{18}$ ◯ $f(x) = x^3 + 6x^2 - 15x + C$ に $x = -1$ を代入。

$f(-1) = 0$ より，$\underline{\phantom{19}}_{19} = 0$

よって，$C = \underline{\phantom{20}}_{20}$

したがって，$f(x) = \underline{\phantom{21}}_{21}$

No.

数 II

Date

MATHEMATICS II

THE LOOSE-LEAF STUDY GUIDE
FOR HIGH SCHOOL STUDENTS

## THEME 定積分

### 公式 CHECK

定積分

$F'(x) = f(x)$ のとき，$\displaystyle\int_a^b f(x)\,dx = \Big[F(x)\Big]_a^b = F(b) - F(a)$

関数の定数倍と和，差の定積分

**①** $\displaystyle\int_a^b kf(x)\,dx = k\int_a^b f(x)\,dx$ （$k$ は定数）

**②** $\displaystyle\int_a^b \{f(x) + g(x)\}dx = \int_a^b f(x)\,dx + \int_a^b g(x)\,dx$

**③** $\displaystyle\int_a^b \{f(x) - g(x)\}dx = \int_a^b f(x)\,dx - \int_a^b g(x)\,dx$

証明

$F'(x) = f(x)$，$G'(x) = g(x)$ とすると，

$\displaystyle\int_a^b \{f(x) + g(x)\}dx = \Big[F(x) + G(x)\Big]_a^b$

$= \{F(b) + G(b)\} - \{F(a) + G(a)\}$

$= \{F(b) - F(a)\} + \{G(b) - G(a)\}$

$= \displaystyle\int_a^b f(x)\,dx + \int_a^b g(x)\,dx$　←公式**③**が導ける

### 定積分

関数 $f(x)$ の原始関数の 1 つを $F(x)$ とし，$a$, $b$ を $f(x)$ の

定義域内の任意の値とするとき，$F(b) - F(a)$ を，

積分定数 $C$ を含まない値で 1 つに定まる

関数 $f(x)$ の $a$ から $b$ までの 01 [＿＿＿] といい，右のように書く。

重要

上端

$\displaystyle\int_a^b f(x)\,dx$ または $\Big[F(x)\Big]_a^b$

下端

また，関数 $f(x)$ の定積分を求めることを，$f(x)$ を $a$ から $b$ まで 02 [＿＿＿] するという。

└ $a$ と $b$ の大小関係は，$a < b$, $a = b$, $a > b$ のいずれでもよい

### 定積分の計算

**1** $\displaystyle\int_1^2 (x^2 - 2x + 3)\,dx = \Big[\text{03}\underline{\phantom{xxxxxxxxxxx}}\Big]_1^2$ ◁ $\displaystyle\int_a^b f(x)\,dx = \Big[F(x)\Big]_a^b$

$= \left(\dfrac{2^3}{3} - 2^2 + 3\cdot 2\right) - \left(\dfrac{1^3}{3} - 1^2 + 3\cdot 1\right) = \text{04}\underline{\phantom{xxx}}$

**2** $\displaystyle\int_1^4 (x^2 + x)\,dx + \int_1^4 (x^2 - x)\,dx = \int_1^4 \{(x^2 + x) + (x^2 - x)\}dx$ ◁ $\displaystyle\int_a^b f(x)\,dx + \int_a^b g(x)\,dx = \int_a^b \{f(x) + g(x)\}dx$

$= \displaystyle\int_1^4 2x^2\,dx = 2\int_1^4 x^2\,dx$ ◁ $\displaystyle\int_a^b kf(x)\,dx = k\int_a^b f(x)\,dx$

$= 2\Big[\text{05}\underline{\phantom{xx}}\Big]_1^4 = \dfrac{2(\text{06}\underline{\phantom{xx}}^3 - \text{07}\underline{\phantom{xx}}^3)}{3} = \text{08}\underline{\phantom{xxx}}$

## 公式 CHECK

定積分の性質

❶ $\displaystyle\int_a^a f(x)\,dx=0$

❷ $\displaystyle\int_b^a f(x)\,dx=-\int_a^b f(x)\,dx$

❸ $\displaystyle\int_a^b f(x)\,dx=\int_a^c f(x)\,dx+\int_c^b f(x)\,dx$

## 公式 ❸ の証明

**証明**

$F'(x)=f(x)$ とすると,

$$\int_a^c f(x)\,dx+\int_c^b f(x)\,dx=\Big[F(x)\Big]_a^c+\Big[F(x)\Big]_c^b$$

$$=\{F(c)-F(a)\}+\{F(b)-F(c)\}=\underline{\text{09}}\qquad\qquad=\int_a^b f(x)\,dx$$

公式 ❸ は $a$, $b$, $c$ の大小に関係なく成り立つ。 注意

## 定積分の計算

前の定積分の上端と後の定積分の下端が一致しているときは,積分する区間をまとめる。

$$\int_{-1}^{①}(3x^2-2x+1)\,dx+\int_{①}^{2}(3x^2-2x+1)\,dx=\int_{-1}^{2}(3x^2-2x+1)\,dx$$

$\displaystyle\int_a^c f(x)\,dx+\int_c^b f(x)\,dx=\int_a^b f(x)\,dx$

$$=\Big[\underline{\text{10}}\Big]_{-1}^{2}=(2^3-2^2+2)-\{(-1)^3-(-1)^2+(-1)\}$$

$$=\underline{\text{11}}$$

## 定積分と微分法

重要

$x$ の関数 $\displaystyle\int_a^x f(t)\,dt$ の導関数は $f(x)$ だから, $\dfrac{d}{dx}\displaystyle\int_a^x f(t)\,dt=f(x)$ （$a$ は定数）

● 等式 $\displaystyle\int_a^x f(t)\,dt=x^2-6x+8$ を満たす関数 $f(x)$ と定数 $a$ の値を求めなさい。

等式の両辺を $x$ で微分すると, $f(x)=\underline{\text{12}}$
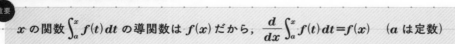
左辺を $x$ で微分 ─── 右辺を $x$ で微分

与えられた等式で $x=a$ とおくと, $\displaystyle\int_a^a f(t)\,dt=a^2-6a+8$

$\displaystyle\int_a^a f(x)\,dx=0$ より, $a^2-6a+8=0$    これを解いて, $a=\underline{\text{13}}$

No.
数 II
MATHEMATICS II
Date
THE LOOSE-LEAF STUDY GUIDE
FOR HIGH SCHOOL STUDENTS

# THEME 定積分と面積①

**公式 CHECK**

$a \leqq x \leqq b$ の範囲で，$y=f(x)$ のグラフと $x$ 軸，2 直線 $x=a$，$x=b$ で囲まれた部分の面積 $S$ は，

● $f(x) \geqq 0$ のとき，

$$S=\int_a^b f(x)\,dx$$

グラフは $x$ 軸の上側にある →

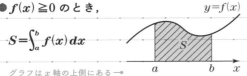

● $f(x) \leqq 0$ のとき，

$$S=\int_a^b \{-f(x)\}\,dx$$

グラフは $x$ 軸の下側にある →

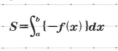

---

**曲線と $x$ 軸に囲まれた部分の面積**

次の放物線と 2 直線および $x$ 軸で囲まれた部分の面積 $S$ を求めなさい。

**1** 放物線 $y=x^2+2$，2 直線 $x=1$，$x=4$

求める面積 $S$ は，右の図の斜線部分である。
└ グラフは $x$ 軸の上側にある

$$S=\int_1^4 (x^2+2)\,dx=\left[\underline{\phantom{01}}\right]_1^4$$

$$=\left(\frac{4^3}{3}+2\cdot4\right)-\left(\frac{\underline{\phantom{02}}}{3}+2\cdot\underline{\phantom{03}}\right)$$

$$=\underline{\phantom{04}}$$

グラフをかいて，放物線が $x$ 軸の上側にあるか下側にあるかを調べる。

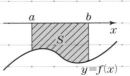

$y=x^2+2$

**2** 放物線 $y=x^2-4x+3$，2 直線 $x=1$，$x=3$

放物線と $x$ 軸の交点の $x$ 座標は，方程式 $\underline{x^2-4x+3=0}$
└ $(x-1)(x-3)=0$

を解いて，$x=\underline{\phantom{05}}$

求める面積 $S$ は，右の図の斜線部分である。
└ グラフは $x$ 軸の下側にある

$y=ax^2+bx+c$ のグラフと $x$ 軸の共有点の $x$ 座標は，$ax^2+bx+c=0 (a \neq 0)$ の実数解。

$$S=\int_1^3 \{-(x^2-4x+3)\}\,dx$$

$$=\int_1^3 (-x^2+4x-3)\,dx \quad -\int_1^3(x^2-4x+3)dx \text{ としてもよい}$$

$$=\left[\underline{\phantom{06}}\right]_1^3$$

$$=\left(-\frac{3^3}{3}+2\cdot3^2-3\cdot3\right)-\left(-\frac{1^3}{3}+2\cdot1^2-3\cdot1\right)=\underline{\phantom{07}}$$

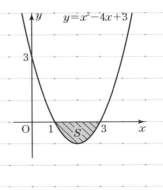

$y=x^2-4x+3$

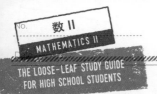
THEME **定積分と面積①**

---

### 公式 CHECK

$a \leqq x \leqq b$ の範囲で，$f(x) \geqq g(x) \geqq 0$ のとき，$y=f(x)$ と $y=g(x)$ の

グラフと 2 直線 $x=a$，$x=b$ で囲まれた部分の面積 $S$ は，

$$S=\int_a^b \{f(x)-g(x)\}\, dx$$

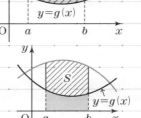

#### 証明

右の図で，　　部分の面積は，$\displaystyle\int_a^b$ __08__ $dx$

　　　　　　　部分の面積は，$\displaystyle\int_a^b$ __09__ $dx$

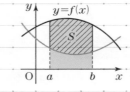

よって，斜線部分の面積 $S$ は，

$$S=\int_a^b f(x)\, dx - \int_a^b g(x)\, dx = \int_a^b \{f(x)-g(x)\}\, dx$$

---

### 放物線と直線で囲まれた部分の面積

● 放物線 $y=x^2$ と 直線 $y=x+6$ で囲まれた部分の面積 $S$ を求めなさい。

**手順1**　放物線と直線の上下関係を調べる。

放物線と直線の交点の $x$ 座標は，

方程式 $x^2=$ __10__　　　 の実数解である。

$x^2-x-6=0$ より，$x=$ __11__

> 放物線 $y=ax^2+bx+c$ と
> 直線 $y=mx+n$ の交点の $x$ 座標は，
> $ax^2+bx+c=mx+n$ の実数解。

求める面積 $S$ は，右の図の斜線部分である。

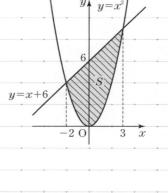

**手順2**　直線が放物線の上側にあるから，

$$S=\int_{-2}^3 \{(x+6)-x^2\}\, dx$$

　$\{x^2-(x+6)\}$ としないように　注意

$$=\int_{-2}^3 (-x^2+x+6)\, dx$$

$$=\Big[ \text{__12__} \Big]_{-2}^3$$

$$=\left(-\frac{3^3}{3}+\frac{3^2}{2}+6\cdot3\right)-\left\{-\frac{(-2)^3}{3}+\frac{(-2)^2}{2}+6(-2)\right\}$$

$$=\Big(\underset{13}{\quad}+9\Big)-\Big(\underset{14}{\quad}-10\Big)=\underset{15}{\quad}$$

　面積は必ず正の数になる　注意

## THEME 定積分と面積②

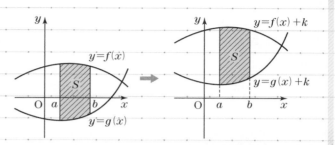

**公式 CHECK**

$a \leqq x \leqq b$ の範囲で，$f(x)$ や $g(x)$ が負の値をとるとき，$y=f(x)$，$y=g(x)$ を $y$ 軸方向に $k$ だけ平行移動すると，斜線部分の面積 $S$ は，

$$S = \int_a^b \{f(x) - g(x)\}dx$$

### 2つの放物線で囲まれた部分の面積

● 2 つの放物線 $y=x^2-4x-2$，$y=-x^2+4$ で囲まれた部分の面積を求めなさい。

**手順1** 2 つの放物線の交点の $x$ 座標を求める。

方程式 $x^2-4x-2=-x^2+4$ を解くと，

$$2x^2-4x-6=0$$

$$x^2-2x-3=0$$

$$(x + \underline{\text{01}})(x - \underline{\text{02}}) = 0$$

$$x = \underline{\text{03}}$$

> 2 つの放物線 $y=ax^2+bx+c$ と $y=px^2+qx+r$ の交点の $x$ 座標は，方程式 $ax^2+bx+c=px^2+qx+r$ の実数解。

**手順2** 2 つの放物線の上下関係を調べる。

求める面積 $S$ は，右の図の斜線部分になる。

$\underline{\text{04}} \leqq x \leqq \underline{\text{05}}$ で，放物線 $y=-x^2+4$ が放物線 $y=x^2-4x-2$ の $\underline{\text{06}}$ 側にある。
  └ 上または下

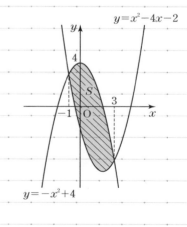

**手順3** 面積 $S$ を求める。

$$S = \int_{-1}^3 \{(\underline{\text{07}}) - (\underline{\text{08}})\}dx$$

$$= \int_{-1}^3 (-2x^2+4x+6)\,dx$$

$$= \left[ \underline{\text{09}} \right]_{-1}^3$$

$$= \left(-\frac{2}{3}\cdot3^3+2\cdot3^2+6\cdot3\right) - \left\{-\frac{2}{3}(-1)^3+2(-1)^2+6(-1)\right\}$$

$$= 18 - \left(-\frac{10}{3}\right) = \frac{64}{3}$$

解法 CHECK

**３次関数のグラフと $x$ 軸で囲まれた部分の面積**

❶曲線と $x$ 軸の交点の $x$ 座標を求める。

❷グラフをかいて，$f(x) \geqq 0$ の部分と $f(x) \leqq 0$ の部分に分ける。

❸$f(x) \geqq 0$，$f(x) \leqq 0$ それぞれの部分について積分して面積を求める。

**３次関数のグラフと $x$ 軸で囲まれた部分の面積**

● 曲線 $y = x^3 - 2x^2 - 8x$ と $x$ 軸で囲まれた２つの部分の面積の和を求めなさい。

手順1 曲線と $x$ 軸の交点の $x$ 座標を求める。

方程式 $x^3 - 2x^2 - 8x = 0$ を解くと，

$$x(x + \underline{\phantom{10}}_{10})(x - \underline{\phantom{11}}_{11}) = 0$$

$$x = \underline{\phantom{12}}_{12}$$

手順2 曲線と $x$ 軸の上下関係を調べる。

求める面積 $S$ は，右の図の斜線部分になる。

$\underline{\phantom{13}}_{13} \leqq x \leqq \underline{\phantom{14}}_{14}$ で，$y \geqq 0$ だから，

グラフは $x$ 軸の $\underline{\phantom{15}}_{15}$ 側にある。
└→上または下

$\underline{\phantom{16}}_{16} \leqq x \leqq \underline{\phantom{17}}_{17}$ で，$y \leqq 0$ だから，

グラフは $x$ 軸の $\underline{\phantom{18}}_{18}$ 側にある。
└→上または下

$y = x^3 - 2x^2 - 8x$

手順3 面積 $S$ を求める。

$$S = \int_{-2}^{0} (x^3 - 2x^2 - 8x)\,dx + \int_{0}^{4} \{-(x^3 - 2x^2 - 8x)\}\,dx$$

$f(x) \leqq 0$ のとき，$S = \int_{a}^{b} \{-f(x)\,dx\}$

$$= \left[\; \underline{\phantom{19}}_{19} \;\right]_{-2}^{0} + \left[\; \underline{\phantom{20}}_{20} \;\right]_{0}^{4}$$

$$= 0 - \left\{ \frac{(-2)^4}{4} - \frac{2}{3}(-2)^3 - 4(-2)^2 \right\} + \left( -\frac{4^4}{4} + \frac{2}{3} \cdot 4^3 + 4 \cdot 4^2 \right) - 0$$

$$= \frac{20}{3} + \frac{128}{3} = \frac{148}{3}$$

**THEME 等差数列**

数列

一般に，数を一列に並べたものを数列といい，数列の各数を項という。

数列の項は，最初から順に，第1項，第2項，第3項，……といい，$n$ 番目の項を第 $n$ 項という。

特に，第1項を初項という。

等差数列

初項に一定の数 $d$ を次々に足して得られる数列を等差数列といい，一定の数 $d$ を公差という。

初項 $a$，公差 $d$ の等差数列 $\{a_n\}$ の一般項は，$a_n=a+(n-1)d$

## 数列の一般項

●数列 $-1$, $3$, $-5$, $7$, $-9$, ……の一般項 $a_n$ を推測し，$n$ の式で表しなさい。

$a_1=(-1)\cdot1$, $a_2=1\cdot3$, $a_3=(-1)\cdot5$, $a_4=1\cdot7$, $a_5=(-1)\cdot9$, ……と考える。

$1$, $3$, $5$, $7$, $9$, ……の一般項は，$a_n=$ 01 ___ ←奇数の数列

$-1$, $1$, $-1$, $1$, $-1$, ……の一般項は，$a_n=$ 02 ___ ←$-1$と$1$が交互に並ぶ数列

よって，求める数列の一般項は，$a_n=$ 03 ___ ←上の2つの一般項の積

## 等差数列

●等差数列 ①, ②, $-2$, $3$, ③, ……で，□に適する数を求めなさい。

公差は，$3-(-2)=5$ だから， 等差数列 $\{a_n\}$ において，公差 $d$ は，$a_{n+1}-a_n=d$

③$=3+$ 04 ___ $=$ 05 ___

②$+5=$ 06 ___ より，②$=$ 07 ___ $-5=$ 08 ___

①$+5=$②より，①$=$ 09 ___ $-5=$ 10 ___

## 等差数列の一般項

次のような等差数列 $\{a_n\}$ の一般項を求めなさい。

**1** 公差 $-3$，第6項が $-9$

初項を $a$ とすると，一般項は，$a_n=a+(n-1)\cdot($ 11 ___ $)$

第6項が $-9$ だから，$a+(6-1)\cdot($ 12 ___ $)=-9$，$a=$ 13 ___

よって，$a_n=$ 14 ___ $+(n-1)\cdot(-3)$

すなわち，$a_n=$ 15 ___ 等差数列の一般項は $n$ の1次式。

**2** 第 3 項が 17, 第 5 項が 25

初項を $a$, 公差を $d$ とすると, 一般項は, $a_n=a+(n-1)d$

第 3 項が 17 だから, $a+(3-1)d=17$

すなわち, $\underline{\quad 16 \quad}=17$ ……①

第 5 項が 25 だから, $a+(5-1)d=25$

すなわち, $\underline{\quad 17 \quad}=25$ ……②

①, ②を連立方程式として解くと, $a=\underline{\ 18\ }$ , $d=\underline{\ 19\ }$

よって, 一般項は, $a_n=\underline{\ 20\ }+(n-1)\cdot\underline{\ 21\ }$

すなわち, $a_n=\underline{\ 22\ }$

## 等差数列の項

● 初項 8, 公差 7 の等差数列 $\{a_n\}$ について, 初めて 1000 を超えるのは第何項か。

($\{a_n\}$ の一般項 )$>1000$ を満たす最小の自然数 $n$ を求める。

初項 8, 公差 7 の等差数列の一般項は,

$a_n=8+(n-1)\cdot7=\underline{\ 23\ }$

求める第 $n$ 項の $n$ は, $a_n>1000$ を満たす最小の自然数だから,

$\underline{\quad 24 \quad}>1000$

$$n>\frac{999}{7}=142.7\cdots$$

この不等式を満たす最小の自然数 $n$ は, $n=\underline{\ 25\ }$

よって, 初めて 1000 を超えるのは第 $\underline{\ 26\ }$ 項。

## 等差数列の性質

 数列 $a$, $b$, $c$ が等差数列 $\Longleftrightarrow 2b=a+c$　$b$ を等差中項という。

### 証明

数列 $a$, $b$, $c$ がこの順で等差数列であるとき,

$b-\underline{\ 27\ }=c-\underline{\ 28\ }$　　←等差数列では, 隣り合う 2 項の差は等しい

すなわち, $2b=\underline{\ 29\ }$

逆に, $2b=a+c$ であるとき, $b-a=c-b$ となるから, 3 つの数 $a$, $b$, $c$ は等差数列になる。

THEME 等差数列の和

公式 CHECK

初項 $a$, 公差 $d$, 項数 $n$ の等差数列の和を $S_n$ とする。

❶ $S_n = \dfrac{1}{2}n(a+l)$ （$l$ は末項）　　　　❷ $S_n = \dfrac{1}{2}n\{2a+(n-1)d\}$

証明

$$S_n = a \quad\quad + (a+d) \quad + \cdots\cdots + (l-d) \quad\quad + l$$
$$+\ )\ S_n = l \quad\quad + (l-d) \quad + \cdots\cdots + (a+d) \quad\quad + a \qquad \leftarrow右辺の項の足す順を逆にする$$
$$2S_n = (a+l) + (\ \underline{01}\quad ) + \cdots\cdots + (\ \underline{02}\quad ) + (a+l)$$

$$\underbrace{\hspace{6cm}}_{\underline{03}\quad 個}$$

よって，$S_n = \dfrac{1}{2}n(a+l)$ →等差数列の和の公式❶

この式に，$l = \underline{04}\hspace{3cm}$ を代入すると，$S_n = \dfrac{1}{2}n\{2a+(n-1)d\}$ →等差数列の和の公式❷

└ $l$ は第 $n$ 項

等差数列の和

**1** 等差数列 10, 15, 20, ……, 130 の和 $S$ を求めなさい。

> 項の個数が有限の数列では，
> その項の個数を項数，最後
> の項を末項という。

この等差数列の初項は $\underline{05}\quad$ ，公差は $\underline{06}\quad$

項数を $n$ とすると，第 $n$ 項が 130 だから，$10 + (n-1)\cdot 5 = 130$

これを解くと，$n = \underline{07}\quad$

よって，$S = \dfrac{1}{2} \cdot \underline{08}\hspace{2cm} (10+130) = \underline{09}\hspace{2cm}$ ⟨ $S_n = \dfrac{1}{2}n(a+l)$

**2** 等差数列 5, 8, 11, …… の第 10 項から第 20 項までの和 $S$ を求めなさい。

この等差数列の初項は $\underline{10}\quad$ ，公差は $\underline{11}\quad$

これより，一般項は，$a_n = \underline{12}\quad$

第 10 項は，$a_{10} = 3\cdot 10 + 2 = 32$

第 20 項は，$a_{20} = 3\cdot 20 + 2 = 62$

項数は，$\underline{13}\quad$

よって，$S = \dfrac{1}{2} \cdot \underline{14}\hspace{2cm} (32+62) = \underline{15}\hspace{2cm}$ ←初項 32，末項 62，項数 11 の等差数列の和

公式 CHECK

自然数の和　$1+2+3+\cdots\cdots+n=\dfrac{1}{2}n(n+1)$　←初項が 1，末項が $n$，項数 $n$ の等差数列の和

奇数の和　$1+3+5+\cdots\cdots+(2n-1)=n^2$　←初項が 1，末項が $2n-1$，項数 $n$ の等差数列の和

## 倍数の和

● 1 から 300 までのすべての自然数のうち，3 の倍数の和を求めなさい。

$$3+6+9+\cdots\cdots+300=3\cdot1+3\cdot2+3\cdot3+\cdots\cdots+3\cdot100$$
$$=3(\underline{1+2+3+\cdots\cdots+100})$$
　　　　　　　　　└ 1 から 100 までの自然数の和
$$=3\cdot\frac{1}{2}\cdot\underline{16}\quad(\underline{17}\quad+1)$$
$$=\underline{18}$$

## 等差数列の和の最大

● 初項 400，公差 $-9$ の等差数列 $\{a_n\}$ について，初項から第何項までの和が最大になるか。また，その和を求めなさい。

等差数列 $\{a_n\}$ の一般項は，$a_n=\underline{19}$

$a_n<0$ となる $n$ の値を求めると，$-9n+409<0$　←第何項から $a_n$ が負の数になるかを考える

$$n>\frac{409}{9}=45.4\cdots$$

この不等式を満たす最小の自然数 $n$ は，$n=\underline{20}$

これより，第 $\underline{21}$ 項が初めて負の数になるから，ここからは項の和は段々減少する。

つまり，初項から第 $\underline{22}$ 項までの和が最大になる。

$a_1=400$

$a_{45}=-9\cdot45+409=4$

よって，その和は，$\dfrac{1}{2}\cdot\underline{23}\quad(400+4)=\underline{24}$

**THEME** 等比数列

初項に一定の数 $r$ を次々と掛けて得られる数列を**等比数列**といい，一定の数 $r$ を**公比**という。

初項 $a$，公比 $r$ の等比数列 $\{a_n\}$ の一般項は，$a_n = ar^{n-1}$

## 等比数列の一般項

次のような等比数列 $\{a_n\}$ の一般項を求めなさい。

**1** $3, -6, 12, -24, \cdots\cdots$

この数列の初項は <u>01</u>

公比を $r$ とすると，$3r = -6$ より，$r =$ <u>02</u>

よって，一般項は，$a_n =$ <u>03</u>

> $a_n = ar^{n-1}$

**2** 第 2 項が 15，第 4 項が 135

初項を $a$，公比を $r$ とすると，一般項は，$a_n = ar^{n-1}$

第 2 項が 15 だから，<u>04</u> $= 15$ $\cdots\cdots$①

第 4 項が 135 だから，<u>05</u> $= 135$ $\cdots\cdots$②

①，②より，$r^2 =$ <u>06</u>，$r =$ <u>07</u> $\quad \leftarrow (ar)r^2 = 135,\ 15r^2 = 135$

$r = 3$ のとき，$a =$ <u>08</u>

$r = -3$ のとき，$a =$ <u>09</u>

よって，一般項は，$a_n =$ <u>10</u>

　　　　　　または，$a_n =$ <u>11</u>

> 一般項が 2 つある場合がある。 注意

## 等比数列の性質

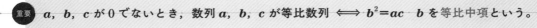 重要 $a, b, c$ が 0 でないとき，数列 $a, b, c$ が等比数列 $\iff b^2 = ac$ $b$ を**等比中項**という。

証明

数列 $a, b, c$ がこの順で等比数列であるとき，

$$\frac{\text{12}}{a} = \frac{\text{13}}{b} \qquad \leftarrow 等比数列では，隣り合う 2 項の比は等しい$$

すなわち，$b^2 =$ <u>14</u>

逆に，$b^2 = ac$ であるとき，$\dfrac{b}{a} = \dfrac{c}{b}$ となるから，3 つの数 $a, b, c$ は等比数列になる。

## 公式 CHECK

初項 $a$，公比 $r$，項数 $n$ の等比数列の和を $S_n$ とする。

$r \neq 1$ のとき，$S_n = \dfrac{a(1-r^n)}{1-r} = \dfrac{a(r^n-1)}{r-1}$　　　$r=1$ のとき，$S_n = na$

### 証明

● $r \neq 1$ のとき　　　$S_n = a + ar + ar^2 + \cdots\cdots + ar^{n-1}$

　　　　　$-\ )\ rS_n =\quad ar + ar^2 + \cdots\cdots + ar^{n-1} + ar^n$　←上の等式の両辺に $r$ を掛ける

　　　　　$S_n - rS_n =$ ___01___

　　　$($ ___02___ $)S_n = a\,($ ___03___ $)$

　$1 - r \neq 0$ だから，$S_n = \dfrac{a(1-r^n)}{1-r}$

　　　　　　　　　　　　　　　　　　一般に，等比数列の初項と公比は $0$ で
　　　　　　　　　　　　　　　　　　あってもよいが，ここで扱う等比数列は，
　　　　　　　　　　　　　　　　　　初項と公比は $0$ でないものとする。　注意

● $r=1$ のとき，$S_n = \underbrace{a + a + a + \cdots\cdots + a}_{\text{___04___ 個}} = na$

## 等比数列の和

**1** 等比数列 $4,\ 12,\ 36,\ 108,\ \cdots\cdots$ の初項から第 $n$ 項までの和 $S_n$ を求めなさい。

　この数列の初項は ___05___

　公比を $r$ とすると，$4r = 12$ より，$r=$ ___06___

　よって，$S_n = \dfrac{4(\ \text{___07___}\ ^n - 1)}{\text{___08___} - 1} =$ ___09___ 　　$\left\{ S_n = \dfrac{a(r^n-1)}{r-1} \right.$

**2** 初項から第 $3$ 項までの和が $6$，第 $2$ 項から第 $4$ 項までの和が $-3$ である等比数列の初項 $a$ と公比 $r$ を求めなさい。

　初項から第 $3$ 項までの和が $6$ より，$a + ar + ar^2 = 6$　　　　　　　$\cdots\cdots$①

　第 $2$ 項から第 $4$ 項までの和が $-3$ より，___10___ $= -3$

　　　　　　　　　　　　　　　$r(\ $ ___11___ $\ ) = -3$　$\cdots\cdots$②　　$r$ をくくり出す

　①を②に代入すると，$6r = -3$，$r =$ ___12___ 　　　←公比

　これを①に代入すると，$a - \dfrac{1}{2}a + \dfrac{1}{4}a = 6$，$a =$ ___13___ 　　　←初項

THEME **和の記号 Σ**

和の記号 Σ　←ギリシャ文字 Σ はシグマと読む

$$\sum_{k=1}^{n} a_k = a_1 + a_2 + a_3 + \cdots\cdots + a_n$$

数列の和の公式

$$\sum_{k=1}^{n} c = nc \quad 特に, \ \sum_{k=1}^{n} 1 = n \qquad \sum_{k=1}^{n} k = \frac{1}{2} n(n+1) \qquad \sum_{k=1}^{n} k^2 = \frac{1}{6} n(n+1)(2n+1)$$

### 和 の 記 号 Σ

次の式を，記号 Σ を用いないで和の形で表しなさい。

**1** $\displaystyle\sum_{k=1}^{n} (2k+1)^2 = (2\cdot1+1)^2 + (2\cdot2+1)^2 + (2\cdot3+1)^2 + \cdots\cdots + (2\cdot n+1)^2$

$= $ 01

> $\displaystyle\sum_{k=1}^{n} a_k$ は，数列 $\{a_n\}$ の第 1 項から第 $n$ 項までの和。

**2** $\displaystyle\sum_{k=3}^{7} (3k-4) = (3\cdot3-4) + (3\cdot4-4) + (3\cdot5-4) + (3\cdot6-4) + (3\cdot7-4)$

$= $ 02

> $\displaystyle\sum_{k=○}^{□} a_k$ は，数列 $\{a_n\}$ の第○項から第□項までの和。

### 和 の 公 式

次の和を求めなさい。

**1** $\displaystyle\sum_{k=1}^{30} 5 = $ 03 　　$\cdot 5 = $ 04

> $\displaystyle\sum_{k=1}^{n} c = nc$

**2** $\displaystyle\sum_{k=1}^{20} k = \frac{1}{2} \cdot 20(20+1) = \frac{1}{2} \cdot 20 \cdot$ 05 $\ = $ 06

> $\displaystyle\sum_{k=1}^{n} k = \frac{1}{2} n(n+1)$

**3** $\displaystyle\sum_{k=1}^{15} k^2 = \frac{1}{6} \cdot 15(15+1)(2\cdot15+1) = \frac{1}{6} \cdot 15 \cdot$ 07 $\ \cdot$ 08

$= $ 09

> $\displaystyle\sum_{k=1}^{n} k^2 = \frac{1}{6} n(n+1)(2n+1)$

自然数の 3 乗の和の公式
$$\sum_{k=1}^{n} k^3 = 1^3 + 2^3 + 3^3 + \cdots\cdots + n^3 = \left\{ \frac{1}{2} n(n+1) \right\}^2$$

**4** $\displaystyle\sum_{k=1}^{10} k^3 = \left\{ \frac{1}{2} \cdot 10(10+1) \right\}^2 = ($ 10 $)^2 = $ 11

公式 CHECK

記号 Σ の性質

❶ $\displaystyle\sum_{k=1}^{n}(a_k+b_k)=\sum_{k=1}^{n}a_k+\sum_{k=1}^{n}b_k$    $\displaystyle\sum_{k=1}^{n}(a_k-b_k)=\sum_{k=1}^{n}a_k-\sum_{k=1}^{n}b_k$

❷ $\displaystyle\sum_{k=1}^{n}pa_k=p\sum_{k=1}^{n}a_k$   （$p$ は $k$ に無関係な定数）

## Σ の計算

次の和を求めなさい。

**1** $\displaystyle\sum_{k=1}^{n}(6k+3)$

$\displaystyle=\sum_{k=1}^{n}6k+\sum_{k=1}^{n}3$ ← Σの性質❶

$\displaystyle=\underline{\quad12\quad}+\sum_{k=1}^{n}3$ ← Σの性質❷

$=6\cdot\underline{\quad13\quad}+3n$

$=\underline{\quad14\quad}$
└─ 共通因数でくくる

**2** $\displaystyle\sum_{k=1}^{n}(k^2+3k)$

$\displaystyle=\sum_{k=1}^{n}k^2+\sum_{k=1}^{n}3k$ ← Σの性質❶

$\displaystyle=\sum_{k=1}^{n}k^2+3\sum_{k=1}^{n}k$ ← Σの性質❷

$=\underline{\quad15\quad}+3\cdot\dfrac{1}{2}n(n+1)$

$=\dfrac{1}{6}n(n+1)\{(2n+1)+9\}$

$=\underline{\quad16\quad}$

## いろいろな数列の和

● 数列 $1\cdot1,\ 2\cdot3,\ 3\cdot5,\ 4\cdot7,\ \cdots\cdots$ の初項から第 $n$ 項までの和を求めなさい。

**手順1** 数列の第 $k$ 項を $k$ の式で表す。

この数列は，$1\cdot(2\cdot1-1),\ 2\cdot(2\cdot2-1),\ 3\cdot(2\cdot3-1),\ 4\cdot(2\cdot4-1),\ \cdots\cdots$ だから，

第 $k$ 項は，$\underline{\quad17\quad}$ と表される。

**手順2** 和の公式を用いて，数列の和 $1\cdot1+2\cdot3+3\cdot5+4\cdot7+\cdots\cdots+n(2n-1)$ を求める。

$\displaystyle\sum_{k=1}^{n}k(2k-1)=\sum_{k=1}^{n}(2k^2-k)=2\sum_{k=1}^{n}k^2-\sum_{k=1}^{n}k$

$=2\cdot\underline{\quad18\quad}-\dfrac{1}{2}n(n+1)$

$=\dfrac{1}{6}n(n+1)\{2(2n+1)-3\}$

$=\underline{\quad19\quad}$

THEME **階差数列**

公式 CHECK

階差数列

数列 $\{a_n\}$ の隣り合う 2 項の差 $a_{n+1}-a_n=b_n\,(n=1,\ 2,\ 3,\ \cdots)$
を項とする数列 $\{b_n\}$ を，数列 $\{a_n\}$ の階差数列という。

$a_1\ \ a_2\ \ a_3\ \ a_4\ \cdots\cdots\ a_n\ \ a_{n+1}$

$b_1\ \ b_2\ \ b_3\ \ \cdots\cdots\ \ b_n$

階差数列と一般項

数列 $\{a_n\}$ の階差数列を $\{b_n\}$ とすると，$n\geqq2$ のとき，$a_n=a_1+\displaystyle\sum_{k=1}^{n-1}b_k$

証明

$a_2-a_1\ \ \ \ \ \ =b_1$

$a_3-a_2\ \ \ \ \ \ =b_2$

$a_4-a_3\ \ \ \ \ \ =b_3$

数列 $\{a_n\}$ の項数が $n$ 個のとき，
階差数列の $\{b_n\}$ の項数は $(n-1)$ 個。

$\cdots\cdots\cdots\cdots$

$\underline{+\ )\ a_n-a_{n-1}\ \ \ =b_{n-1}}$

<u>01</u> $\quad=b_1+b_2+b_3+\cdots\cdots+b_{n-1}$

よって，

$a_n=a_1+(b_1+b_2+b_3+\cdots\cdots+b_{n-1})$

$=a_1+$ <u>02</u>

**階差数列から一般項を求める**

階差数列を利用して，次の数列 $\{a_n\}$ の一般項を求めなさい。

**1** $2,\ 5,\ 10,\ 17,\ 26,\ \cdots\cdots$

数列 $\{a_n\}$ の階差数列を $\{b_n\}$ とすると，$\{b_n\}$ は，$3,\ 5,\ 7,\ 9,\ \cdots\cdots$

これは初項 <u>03</u> ，公差 <u>04</u> の 等差数列 だから，その一般項は，

$b_n=3+(n-1)\cdot2=$ <u>05</u>　　　　$\leftarrow b_n=b_1+(n-1)d$

よって，$n\geqq2$ のとき，$a_n=a_1+\displaystyle\sum_{k=1}^{n-1}(2k+1)=2+2\cdot\dfrac{1}{2}(n-1)n+(n-1)=$ <u>06</u>

初項は $a_1=2$ なので，この式は $n=1$ のときにも成り立つ。　$\leftarrow n=1$ のとき，$n^2+1=1^2+1=2$

したがって，一般項は，$a_n=n^2+1$

**2** $3,\ 4,\ 6,\ 10,\ 18,\ \cdots\cdots$

数列 $\{a_n\}$ の階差数列を $\{b_n\}$ とすると，$\{b_n\}$ は，$1,\ 2,\ 4,\ 8,\ \cdots\cdots$

これは初項 <u>07</u> ，公比 <u>08</u> の 等比数列 だから，その一般項は，

$b_n=1\cdot2^{n-1}=2^{n-1}$　$\leftarrow b_n=b_1\cdot r^{n-1}$

よって，$n\geqq2$ のとき，$a_n=a_1+\displaystyle\sum_{k=1}^{n-1}2^{k-1}=3+\dfrac{1\cdot(2^{n-1}-1)}{2-1}=$ <u>09</u>

初項は $a_1=3$ なので，この式は $n=1$ のときにも成り立つ。　$\leftarrow n=1$ のとき，$2^{n-1}+2=2^{1-1}+2=3$

したがって，一般項は，$a_n=2^{n-1}+2$

## 公式 CHECK

数列 $\{a_n\}$ の初項 $a_1$ から第 $n$ 項 $a_n$ までの和を $S_n$ とすると，

初項 $a_1$ は，$a_1=S_1$　　$n\geqq2$ のとき，$a_n=S_n-S_{n-1}$

### 証明

$n\geqq2$ のとき　　　　$S_n\quad=a_1+a_2+a_3+\cdots\cdots+a_{n-1}+a_n$

$\underline{-\,)\ S_{n-1}=a_1+a_2+a_3+\cdots\cdots+a_{n-1}\qquad\qquad}$

$S_n-S_{n-1}=$ 01 _____

また，$n=1$ のとき，$S_1=a_1$

## 数列の和から一般項を求める

**1**　初項から第 $n$ 項までの和 $S_n$ が，$S_n=n^2+n$ で表される数列 $\{a_n\}$ の一般項を求めなさい。

初項は，$a_1=S_1=1^2+1=$ 02 _____　……①　　（まず，$n=1$ のときの $S_1$ を求める。）

$n\geqq2$ のとき，$a_n=S_n-S_{n-1}$

$\qquad\qquad\qquad=(n^2+n)-\{(n-1)^2+(n-1)\}$

$\qquad\qquad\qquad=(n^2+n)-($ 03 _____ $)$

$\qquad\qquad\qquad=$ 04 _____

①より，$a_1=2$ なので，この式は $n=1$ のときにも成り立つ。　　$\leftarrow n=1$ のとき，$2n=2\cdot1=2$

よって，一般項は，$a_n=$ 05 _____

**2**　初項から第 $n$ 項までの和 $S_n$ が，$S_n=n^3-2$ で表される数列 $\{a_n\}$ の一般項を求めなさい。

初項は，$a_1=S_1=1^3-2=$ 06 _____　……①

$n\geqq2$ のとき，$a_n=S_n-S_{n-1}$

$\qquad\qquad\qquad=(n^3-2)-\{(n-1)^3-2\}$

$\qquad\qquad\qquad=(n^3-2)-($ 07 _____ $)$　　$\leftarrow (a-b)^3=a^3-3a^2b+3ab^2-b^3$

$\qquad\qquad\qquad=$ 08 _____

①より，$a_1=-1$ なので，この式は $n=1$ のときは成り立たない。

よって，一般項は，$\begin{cases} a_n= \text{09} \underline{\qquad\qquad} & (n\geqq2) \\ a_1= \text{10} \underline{\qquad\qquad} \end{cases}$

（注意　$n=1$ のとき，$3\cdot1^2-3\cdot1+1=1$ となり，この一般項の式は成り立たない。）

THEME **いろいろな数列の和**

解法 CHECK

分数式の変形

$$\bullet \frac{1}{k(k+1)} = \frac{(k+1)-k}{k(k+1)} = \frac{k+1}{k(k+1)} - \frac{k}{k(k+1)} = \frac{1}{k} - \frac{1}{k+1}$$

$$\bullet \frac{1}{(2k-1)(2k+1)} = \frac{1}{2}\left\{\frac{(2k+1)-(2k-1)}{(2k-1)(2k+1)}\right\} = \frac{1}{2}\left\{\frac{2k+1}{(2k-1)(2k+1)} - \frac{2k-1}{(2k-1)(2k+1)}\right\}$$

$$= \frac{1}{2}\left(\frac{1}{2k-1} - \frac{1}{2k+1}\right)$$

### 分数式の和

分数の数列の和は；各項を分数の差の形に分解すると，$-\dfrac{1}{\blacksquare}$ と $+\dfrac{1}{\blacksquare}$ で 0 となり消える項が出てくる。

次の和 $S$ を求めなさい。

**1** $S = \dfrac{1}{1 \cdot 2} + \dfrac{1}{2 \cdot 3} + \dfrac{1}{3 \cdot 4} + \cdots\cdots + \dfrac{1}{n(n+1)}$
　　　　　　　　　　　　　　$\dfrac{1}{k(k+1)} = \dfrac{1}{k} - \dfrac{1}{k+1}$

$$= \left(\frac{1}{1} - \frac{1}{2}\right) + \left(\frac{1}{2} - \frac{1}{\underline{\phantom{01}}_{01}}\right) + \left(\frac{1}{3} - \frac{1}{\underline{\phantom{02}}_{02}}\right) + \cdots\cdots + \left(\frac{1}{n} - \frac{1}{\underline{\phantom{03}}_{03}}\right)$$

（0 となり消える）

2 つの多項式 $A$，$B$（$B$ に文字を含む）によって，$\dfrac{A}{B}$ の形で表される式を分数式という。

$$= 1 - \frac{1}{\underline{\phantom{04}}_{04}}$$

$$= \underline{\phantom{05}}_{05}$$

**2** $S = \dfrac{1}{1 \cdot 3} + \dfrac{1}{3 \cdot 5} + \dfrac{1}{5 \cdot 7} + \cdots\cdots + \dfrac{1}{(2n-1)(2n+1)}$
　　　　　$\dfrac{1}{(2k-1)(2k+1)} = \dfrac{1}{2}\left(\dfrac{1}{2k-1} - \dfrac{1}{2k+1}\right)$

$$= \frac{1}{2}\left\{\left(\frac{1}{1} - \frac{1}{3}\right) + \left(\frac{1}{3} - \frac{1}{\underline{\phantom{06}}_{06}}\right) + \left(\frac{1}{5} - \frac{1}{\underline{\phantom{07}}_{07}}\right) + \cdots\cdots + \left(\frac{1}{2n-1} - \frac{1}{\underline{\phantom{08}}_{08}}\right)\right\}$$

（0 となり消える）

$$= \frac{1}{2}\left(1 - \frac{1}{\underline{\phantom{09}}_{09}}\right)$$

$$= \underline{\phantom{10}}_{10}$$

## 等差数列 × 等比数列の形の和

●次の和 $S$ を求めなさい。

$$S=1\cdot1+2\cdot2+3\cdot2^2+\cdots\cdots+n\cdot2^{n-1}$$

> 第 $k$ 項が $k\cdot2^{k-1}$ で表される数列の和

等比数列 $\{2^{n-1}\}$ の公比が $2$ だから，$S-2S$ を求める。

$$S=1\cdot1+2\cdot2+3\cdot2^2+4\cdot2^3+\cdots\cdots+\qquad n\cdot2^{n-1}$$
$$-)\ \ 2S=\qquad 1\cdot2+2\cdot2^2+3\cdot2^3+\cdots\cdots+(n-1)\cdot2^{n-1}+n\cdot2^n$$
$$\overline{-S=\ \ \ 1+\ \ 2+\ \ 2^2+\ \ 2^3+\cdots\cdots+\qquad\qquad 2^{n-1}-n\cdot2^n}$$

$$-S=\frac{\boxed{11}\qquad{}^n-1}{\boxed{12}\qquad -1}-n\cdot2^n=2^n(1-n)-1$$

> $S_n=\dfrac{a(r^n-1)}{r-1}$

よって，$S=\boxed{13}$

## 群数列

●自然数の列を，次のような群に分ける。ただし，第 $n$ 群には $n$ 個の数が入るものとする。

第 $n$ 群にあるすべての数の和 $S$ を求めなさい。

$$1\ \mid\ 2,\ 3\ \mid\ 4,\ 5,\ 6\ \mid\ 7,\ 8,\ 9,\ 10\ \mid\ 11,\ \cdots\cdots$$

第1群　第2群　　第3群　　　　第4群

手順1　第 $n$ 群の最初の数を $n$ の式で表す。

$n\geqq2$ のとき，第1群から第 $(n-1)$ 群までにある数の個数は，

$$1+2+3+\cdots\cdots+(n-1)=\boxed{14}$$

← 1 から $n-1$ までの自然数の和

第 $n$ 群の最初の数は，もとの自然数の列の第 $\left\{\dfrac{1}{2}n(n-1)+1\right\}$ 項だから，

> 第 $\dfrac{1}{2}n(n-1)$ 項の次の項

$$\boxed{15}$$

これは，$n=1$ のときも成り立つ。　← $n=1$ のとき，$\dfrac{1}{2}(1^2-1+2)=1$

手順2　第 $n$ 群にあるすべて数の和を等差数列の和として求める。

第 $n$ 群は，初項が $\dfrac{1}{2}(n^2-n+2)$，公差が $\boxed{16}$　；項数が $\boxed{17}$　の等差数列だから，

$$S=\frac{1}{2}n\left\{2\cdot\frac{1}{2}(n^2-n+2)+(n-1)\cdot1\right\}=\boxed{18}$$

> $S_n=\dfrac{1}{2}n\{2a+(n-1)d\}$

THEME **漸化式**

公式 CHECK

**漸化式**

❶等差数列 $\{a_n\}$　$a_{n+1}=a_n+d$　←$d$ が公差

❷等比数列 $\{a_n\}$　$a_{n+1}=ra_n$　←$r$ が公比

❸ $a_{n+1}=a_n+(n \text{ の式})$

数列 $\{a_n\}$ の階差数列を $\{b_n\}$ とすると，$a_{n+1}-a_n=b_n$ より，$a_n=a_1+\sum_{k=1}^{n-1}b_k$　$(n \geqq 2)$

❹ $a_{n+1}=pa_n+q$

$p \neq 0$，$p \neq 1$ のとき，$a_{n+1}=pa_n+q$ の形の漸化式は，等式 $c=pc+q$ を満たす $c$ を用いて，

$a_{n+1}-c=p(a_n-c)$ の形に変形する。

### 数列の漸化式

数列 $\{a_n\}$ は，初項 $a_1$ と，$a_n$ から $a_{n+1}$ を決める関係式の 2 つの条件によって，すべての項を定めることができる。このように，$a_n$ から $a_{n+1}$ を決める関係式を漸化式という。

●条件 $a_1=3$，$a_{n+1}=2a_n-5$　$(n=1,\ 2,\ 3,\ \cdots\cdots)$ によって定められる数列 $\{a_n\}$ の第 2 項から第 4 項を求めなさい。

$a_2=2a_1-5=2 \cdot 3-5=$ ___01___

$a_3=2a_2-5=2 \cdot$ ___02___ $-5=$ ___03___

$a_4=2a_3-5=2 \cdot ($ ___04___ $)-5=$ ___05___

> 注意　この本では，特に断りがない場合は，漸化式は $n=1,\ 2,\ 3,\ \cdots\cdots$ で成り立つものとする。

### 等差数列，等比数列の漸化式

次の条件によって定められる数列 $\{a_n\}$ の一般項を求めなさい。

**1**　$a_1=4$，$\underline{a_{n+1}=a_n+5}$
　　　└・$a_{n+1}=a_n+d$ の形

　　　数列 $\{a_n\}$ は，初項 ___06___ ，公差 ___07___ 　の等差数列である。

　　　よって，一般項は，$a_n=4+(n-1) \cdot 5=$ ___08___ 　　　< $a_n=a+(n-1)d$

**2**　$a_1=2$，$\underline{a_{n+1}=3a_n}$
　　　└・$a_{n+1}=ra_n$ の形

　　　数列 $\{a_n\}$ は，初項 ___09___ ，公比 ___10___ 　の等比数列である。

　　　よって，一般項は，$a_n=$ ___11___ 　　　< $a_n=ar^{n-1}$

### $a_{n+1}=a_n+(n\text{ の式})$ の形

●条件 $a_1=1$, $a_{n+1}=a_n+n^2+n$ によって定められる数列 $\{a_n\}$ の一般項を求めなさい。

条件より, $a_{n+1}-a_n=$ _12_

数列 $\{a_n\}$ の階差数列の一般項は, _13_

$n\geqq 2$ のとき

$$a_n=a_1+\sum_{k=1}^{n-1}(k^2+k)=a_1+\sum_{k=1}^{n-1}k^2+\sum_{k=1}^{n-1}k \qquad \triangleleft\boxed{a_n=a_1+\sum_{k=1}^{n-1}b_k}$$

$$=1+\frac{1}{6}(n-1)n\{2(n-1)+1\}+\frac{1}{2}(n-1)n \quad \triangleleft\boxed{\sum_{k=1}^{n}k^2=\frac{1}{6}n(n+1)(2n+1) \quad \sum_{k=1}^{n}k=\frac{1}{2}n(n+1)}$$

$$=1+\frac{1}{3}n(n-\underline{\quad 14 \quad})(n+\underline{\quad 15 \quad}) \quad \leftarrow \frac{1}{6}n(n-1)(2n-1)+\frac{1}{2}n(n-1)=\frac{1}{6}n(n-1)\{(2n-1)+3\}$$

$$=\frac{1}{3}(\underline{\quad 16 \quad})$$

初項は $a_1=1$ なので, この式は $n=1$ のときにも成り立つ。 $\leftarrow n=1$ のとき, $\frac{1}{3}(1^3-1+3)=1$

よって, 一般項は, $a_n=\dfrac{1}{3}(n^3-n+3)$

### $a_{n+1}=pa_n+q$ の形

●条件 $a_1=3$, $a_{n+1}=4a_n+3$ によって定められる数列 $\{a_n\}$ の一般項を求めなさい。

**手順1** $a_{n+1}=4a_n+3$ を, $a_{n+1}-c=p(a_n-c)$ の形に変形する。

$a_{n+1}$ と $a_n$ を $c$ におきかえると, $c=4c+3$

これを解くと, $c=$ _17_

これより, 漸化式を変形すると,

$$a_{n+1}+1=\underline{\quad 18 \quad} \qquad \triangleleft\boxed{a_{n+1}=pa_n+q \to a_{n+1}-c=p(a_n-c)}$$

**手順2** $a_n+1$ を1つの数列とみて, 数列 $\{a_n+1\}$ の一般項を求める。

$b_n=a_n+1$ とすると, $b_{n+1}=4b_n$, $b_1=a_1+1=3+1=4$

よって, 数列 $\{b_n\}$ は, 初項 _19_ , 公比 _20_ の等比数列だから, その一般項は,

$$b_n=4\cdot 4^{n-1}=\underline{\quad 21 \quad} \qquad \triangleleft\boxed{a_n=ar^{n-1}}$$

したがって, $a_n=b_n-1=$ _22_

# THEME 数学的帰納法

自然数 $n$ に関する命題が，「すべての自然数 $n$ について成り立つ」ことを証明するには，次の[1]，[2]を証明すればよい。

[1] $n=1$ のとき，この命題が成り立つ。

[2] $n=k$ のときこの命題が成り立つと仮定すると，$n=k+1$ のときにもこの命題が成り立つ。

このような証明法を数学的帰納法という。

## 等式の証明

●数学的帰納法を用いて，次の等式を証明しなさい。

$$1^2+3^2+5^2+\cdots\cdots+(2n-1)^2=\frac{1}{3}n(2n-1)(2n+1)$$

### 証明

この等式を①とする。

[1] $n=1$ のとき

左辺 $=1^2=1$，右辺 $=\frac{1}{3}\cdot1\cdot(2\cdot1-1)(2\cdot1+1)=$ 01

よって，$n=1$ のとき，①は成り立つ。

[2] $n=k$ のとき，①が成り立つ，すなわち，$1^2+3^2+5^2+\cdots\cdots+(2k-1)^2=\frac{1}{3}k(2k-1)(2k+1)$

が成り立つと仮定する。

$n=k+1$ のとき

左辺 $=1^2+3^2+5^2+\cdots\cdots+(2k-1)^2+\{2(\underline{\quad 02 \quad})-1\}^2$

$=\underline{\quad 03 \quad}+(2k+1)^2$

┗→ $n=k$ のとき，①が成り立つと仮定しているのでそれを利用

$=\frac{1}{3}(2k+1)\{k(2k-1)+3(2k+1)\}$ ←共通因数 $2k+1$ をくくり出す

$=\frac{1}{3}(2k+1)(2k^2+5k+3)=$ 04 ← $2k^2+5k+3$ を因数分解する

右辺 $=\frac{1}{3}(k+1)\{2(k+1)-1\}\{2(k+1)+1\}=$ 05

よって，$n=k+1$ のときにも①は成り立つ。

[1]，[2]から，すべての自然数 $n$ について①が成り立つ。

## 整数の性質の証明

● $n$ は自然数とする。$4^n-1$ は 3 の倍数であることを，数学的帰納法によって証明しなさい。

### 証明

命題「$4^n-1$ は 3 の倍数である」を①とする。

[1] $n=1$ のとき

$4^1-1=$ <u>06</u>

よって，$n=1$ のとき，①は成り立つ。

[2] $n=k$ のとき，①が成り立つ，すなわち，$4^k-1$ は 3 の倍数であると仮定する。

これより，ある整数 $m$ を用いて，$4^k-1=$ <u>07</u> $m$ と表される。

└─ $a$ の倍数は，$am$（$m$ は整数）と表される

$n=k+1$ のとき

$4^{k+1}-1=4\cdot4^k-1=4(\underline{\phantom{08}})-1=\underline{\phantom{09}}(4m+1)$ ◁ $\boxed{4^k-1=3m \text{ より，} 4^k=3m+1}$

$4m+1$ は整数だから，$4^{k+1}-1$ は <u>10</u> の倍数である。

よって，$n=k+1$ のときにも①は成り立つ。

[1]，[2] から，すべての自然数 $n$ について①が成り立つ。

## 不等式の証明

● $n$ が自然数のとき，不等式 $3^n>2n$ が成り立つことを証明しなさい。

### 証明

この不等式を①とする。

[1] $n=1$ のとき

左辺 $=3^1=3$，右辺 $=2\cdot1=2$

よって，$n=1$ のとき，①は成り立つ。

[2] $k\geqq1$ として，$n=k$ のとき，①が成り立つ，すなわち， <u>11</u> が成り立つと仮定する。

$n=k+1$ のとき，①の両辺の差を考えると，

左辺 $-$ 右辺 $=3^{k+1}-2(k+1)=3\cdot3^k-(2k+2)$

$3^k>2k$ だから，$3\cdot3^k-(2k+2)>3\cdot\underline{\phantom{12}}-(2k+2)$

$=2(\underline{\phantom{13}})>0$   ← $k\geqq1$ だから，正の数になる

すなわち，$3^{k+1}>2(k+1)$   ←左辺－右辺>0 より，左辺>右辺

よって，$n=k+1$ のときにも①は成り立つ。

[1]，[2] から，すべての自然数 $n$ について①が成り立つ。

THEME **確率変数と確率分布**

確率変数 $X$ のとりうる値が $x_1$, $x_2$, ……, $x_n$ で，それぞれの値をとる確率が $p_1$, $p_2$, ……, $p_n$ のとき，$X$ の値とそれぞれの値をとる確率との対応関係は，下の表のように表される。

| $X$ | $x_1$ | $x_2$ | …… | $x_n$ | 計 |
|---|---|---|---|---|---|
| $P$ | $p_1$ | $p_2$ | …… | $p_n$ | 1 |

$p_1 \geqq 0$, $p_2 \geqq 0$, ……, $p_n \geqq 0$
$p_1 + p_2 + …… + p_n = 1$

この対応関係を，$X$ の確率分布または分布といい，確率変数 $X$ は分布に従うという。

確率変数 $X$ の値が $a$ となる確率を $P(X=a)$，また，$X$ が $a$ 以上 $b$ 以下の値となる確率を $P(a \leqq X \leqq b)$ で表す。

## 確率変数と確率

3枚の硬貨を同時に投げるとき，表の出る枚数を $X$ とする。次の確率を求めなさい。

**1** $P(X=0) =$ 〔01〕

**2** $P(X=1) =$ 〔02〕

**3** $P(X=2) =$ 〔03〕

**4** $P(X=3) =$ 〔04〕

**5** $P(2 \leqq X \leqq 3) =$ 〔05〕

3枚の硬貨 A，B，C の表と裏の出方
A　B　C　　A　B　C

表 — 表 — 表
　　　　　裏
　　裏 — 表
　　　　　裏
裏 — 表 — 表
　　　　　裏
　　裏 — 表
　　　　　裏

## 確率分布の求め方

● 赤玉4個，白玉3個の入った袋から，3個の玉を同時に取り出すとき，出る赤玉の個数を $X$ とする。$X$ の確率分布を求めなさい。

$X$ のとりうる値は，0，1，2，3である。

$P(X=0) = \dfrac{{}_3C_3}{{}_7C_3} =$ 〔06〕
3個とも白玉である事象

$P(X=1) = \dfrac{{}_4C_1 \times {}_3C_2}{{}_7C_3} =$ 〔07〕
1個が赤玉，2個が白玉である事象

$P(X=2) = \dfrac{{}_4C_2 \times {}_3C_1}{{}_7C_3} =$ 〔08〕
2個が赤玉，1個が白玉である事象

$P(X=3) = \dfrac{{}_4C_3}{{}_7C_3} =$ 〔09〕
3個とも赤玉である事象

$n$ 個から $r$ 個取る組合せの総数

$${}_nC_r = \frac{\overbrace{n(n-1) …… (n-r+1)}^{r個}}{\underbrace{r(r-1) …… 3 \cdot 2 \cdot 1}_{r個}}$$

よって，$X$ の確率分布は右の表のようになる。

| $X$ | 0 | 1 | 2 | 3 | 計 |
|---|---|---|---|---|---|
| $P$ | 〔10〕 | 〔11〕 | 〔12〕 | 〔13〕 | 1 |

**公式 CHECK**

確率変数 $X$ が右の表の確率分布に従うとき，

$x_1 p_1 + x_2 p_2 + \cdots\cdots + x_n p_n = \sum_{k=1}^{n} x_k p_k$

を，$X$ の期待値または平均といい，$E(X)$ または $m$ で表す。

| $X$ | $x_1$ | $x_2$ | $\cdots\cdots$ | $x_n$ | 計 |
|---|---|---|---|---|---|
| $P$ | $p_1$ | $p_2$ | $\cdots\cdots$ | $p_n$ | 1 |

### 確率変数の期待値

● 10 円硬貨 2 枚，50 円硬貨 1 枚を同時に投げて，表の出た硬貨の金額の和を確率変数 $X$ とする。
確率変数 $X$ の期待値を求めなさい。

**手順1** $X$ の確率分布を表にまとめる。

$X$ のとりうる値は，

01 _____

各値について，$X$ がその値をとる確率は，

$P(X=0) = P(X=20) = P(X=50) = P(X=70) =$ 02 _____

$P(X=10) = P(X=60) = \dfrac{\text{03}}{8}$

```
50 円  10 円  10 円
            表…70 円
       表
            裏…60 円
  表
            表…60 円
       裏
            裏…50 円
            表…20 円
       表
            裏…10 円
  裏
            表…10 円
       裏
            裏… 0 円
```

よって，$X$ の確率分布は下の表のようになる。

| $X$ | 0 | 10 | 20 | 50 | 60 | 70 | 計 |
|---|---|---|---|---|---|---|---|
| $P$ | 04 | 05 | 06 | 07 | 08 | 09 | 1 |

**手順2** 確率変数 $X$ の期待値を計算する。

$E(X) = 0 \cdot \dfrac{1}{8} + 10 \cdot \dfrac{2}{8} + 20 \cdot \dfrac{1}{8} + 50 \cdot \dfrac{1}{8} + 60 \cdot \dfrac{2}{8} + 70 \cdot \dfrac{1}{8}$ ◁ $E(X) = x_1 p_1 + x_2 p_2 + \cdots\cdots + x_n p_n$

$= \dfrac{1}{8}(0 + 20 + 20 + 50 + 120 + 70)$

$= \dfrac{1}{8} \times$ 10 _____

$=$ 11 _____

THEME **確率変数の分散と標準偏差**

公式 CHECK

確率変数 $X$ の分散

確率変数 $X$ の期待値が $m$ であるとき，確率変数 $(X-m)^2$ の期待値 $E((X-m)^2)$ を，$X$ の分散といい，$V(X)$ で表す。

$$V(X) = (x_1-m)^2 p_1 + (x_2-m)^2 p_2 + \cdots\cdots + (x_n-m)^2 p_n = \sum_{k=1}^{n} (x_k-m)^2 p_k$$

分散と期待値

$$V(X) = E(X^2) - \{E(X)\}^2$$

標準偏差

分散 $V(X)$ の正の平方根 $\sqrt{V(X)}$ を標準偏差といい，$\sigma(X)$ で表す。

## 分散と標準偏差

● 1個のさいころを1回投げるとき，出る目の数を $X$ とする。$X$ の期待値，分散，標準偏差を求めなさい。

$X$ の確率分布は下の表のようになる。

| $X$ | 1 | 2 | 3 | 4 | 5 | 6 | 計 |
|---|---|---|---|---|---|---|---|
| $P$ | $\dfrac{1}{6}$ | $\dfrac{1}{6}$ | $\dfrac{1}{6}$ | $\dfrac{1}{6}$ | $\dfrac{1}{6}$ | $\dfrac{1}{6}$ | 1 |

←$X$ のとりうる値は，1, 2, 3, 4, 5, 6

←どの目の出る確率も $\dfrac{1}{6}$

$$E(X) = 1 \cdot \frac{1}{6} + 2 \cdot \frac{1}{6} + 3 \cdot \frac{1}{6} + 4 \cdot \frac{1}{6} + 5 \cdot \frac{1}{6} + 6 \cdot \frac{1}{6}$$

$$= \frac{1}{6} \times \underline{01} = \underline{02} \qquad \text{←期待値}$$

別解

$P(X=k) = \dfrac{1}{6}$ $(k=1, 2, \cdots\cdots, 6)$ より，

$$E(X) = \sum_{k=1}^{6} \left(k \cdot \frac{1}{6}\right) = \frac{1}{6} \sum_{k=1}^{6} k$$

$$= \frac{1}{6} \times \frac{1}{2} \cdot 6(6+1) = \frac{7}{2}$$

$$V(X) = \left(1-\frac{7}{2}\right)^2 \cdot \frac{1}{6} + \left(2-\frac{7}{2}\right)^2 \cdot \frac{1}{6} + \left(3-\frac{7}{2}\right)^2 \cdot \frac{1}{6} + \left(4-\frac{7}{2}\right)^2 \cdot \frac{1}{6} + \left(5-\frac{7}{2}\right)^2 \cdot \frac{1}{6} + \left(6-\frac{7}{2}\right)^2 \cdot \frac{1}{6}$$

$$= \frac{1}{6}\left(\frac{25}{4} + \frac{9}{4} + \frac{1}{4} + \frac{1}{4} + \frac{9}{4} + \frac{25}{4}\right)$$

$$= \frac{1}{6} \times \underline{03} = \underline{04} \qquad \text{←分散}$$

別解

$$E(X^2) = \sum_{k=1}^{6} \left(k^2 \cdot \frac{1}{6}\right) = \frac{1}{6} \sum_{k=1}^{6} k^2$$

$$= \frac{1}{6} \times \frac{1}{6} \cdot 6(6+1)(2 \cdot 6+1) = \frac{91}{6}$$

$$V(X) = E(X^2) - \{E(X)\}^2$$

$$= \frac{91}{6} - \left(\frac{7}{2}\right)^2 = \frac{35}{12}$$

$$\sigma(X) = \sqrt{V(X)} = \sqrt{\underline{05}} = \underline{06} \qquad \text{←標準偏差}$$

## THEME $aX+b$ の期待値，分散，標準偏差

$X$ を確率変数，$a$，$b$ を定数とするとき，

$$E(aX+b)=aE(X)+b \qquad V(aX+b)=a^2V(X) \qquad \sigma(aX+b)=|a|\sigma(X)$$

### 公式の導き方

#### 証明

$$E(aX+b)=(ax_1+b)p_1+(ax_2+b)p_2+\cdots\cdots+(ax_n+b)p_n$$ ←値 $ax_1+b$ の確率は $p_1$，値 $ax_2+b$ の確率は $p_2$，……

$$=(ax_1p_1+bp_1)+(ax_2p_2+bp_2)+\cdots\cdots+(ax_np_n+bp_n)$$

$$=\underline{\quad\text{01}\quad}(x_1p_1+x_2p_2+\cdots\cdots+x_np_n)+\underline{\quad\text{02}\quad}(p_1+p_2+\cdots\cdots+p_n)$$

└ $E(X)$

$$p_1+p_2+\cdots\cdots+p_n=1$$

$$=\underline{\quad\text{03}\quad}$$

$E(X)=m$ とすると，$E(aX+b)=aE(X)+b=am+b$

$$V(aX+b)=E(\{(aX+b)-(am+b)\}^2) \qquad V(X)=E((X-m)^2)$$

$$=E((aX-am)^2)=E(a^2(X-m)^2)$$

$$=\underline{\quad\text{04}\quad}E((X-m)^2)=\underline{\quad\text{05}\quad}$$

└ $E((X-m)^2)=V(X)$

### $aX+b$ の期待値，分散，標準偏差

● 1個のさいころを1回投げて，出る目の数を $X$ とする。$X$ を10倍した数に5を加えた数を得点 $Y$ 点とするゲームをする。このとき，$Y$ の期待値，分散，標準偏差を求めなさい。

$X$ の期待値，分散，標準偏差は，

$$E(X)=\frac{7}{2}, \quad V(X)=\frac{35}{12}, \quad \sigma(X)=\frac{\sqrt{105}}{6}$$ ←求め方は p.131 を参照

$Y=10X+5$ だから，$Y$ の期待値，分散，標準偏差は，

$$E(Y)=E(10X+5)=10E(X)+5=10\cdot\underline{\quad\text{06}\quad}+5=\underline{\quad\text{07}\quad} \qquad E(aX+b)=aE(X)+b$$

$$V(Y)=V(10X+5)=10^2V(X)=10^2\cdot\underline{\quad\text{08}\quad}=\underline{\quad\text{09}\quad} \qquad V(aX+b)=a^2V(X)$$

$$\sigma(Y)=\sigma(10X+5)=|10|\sigma(X)=10\cdot\underline{\quad\text{10}\quad}=\underline{\quad\text{11}\quad} \qquad \sigma(aX+b)=|a|\sigma(X)$$

# THEME 確率変数の和

公式 CHECK

確率変数の和の期待値と分散

2つの確率変数 $X$, $Y$ について，$E(X+Y)=E(X)+E(Y)$

2つの確率変数 $X$, $Y$ が互いに独立であるとき，$V(X+Y)=V(X)+V(Y)$

## 確率変数の和の期待値と分散

● 50円硬貨1枚と100円硬貨1枚を同時に投げて，表の出た硬貨の金額の和を $Z$ 円とする。
$Z$ の期待値と分散を求めなさい。

表の出た50円硬貨の金額を $X$，表の出た100円硬貨の金額を $Y$ と
すると，$X$，$Y$ の確率分布は右の表のようになる。

| $X$ | 0 | 50 | 計 |
|---|---|---|---|
| $P$ | $\dfrac{1}{2}$ | $\dfrac{1}{2}$ | 1 |

$E(X)=0\cdot\dfrac{1}{2}+50\cdot\dfrac{1}{2}=$ _01_　　　$E(Y)=0\cdot\dfrac{1}{2}+100\cdot\dfrac{1}{2}=$ _02_

よって，$E(Z)=E(X+Y)=E(X)+E(Y)$

$\qquad\qquad = $ _03_ $+$ _04_ $=$ _05_　→$Z$ の期待値

| $Y$ | 0 | 100 | 計 |
|---|---|---|---|
| $P$ | $\dfrac{1}{2}$ | $\dfrac{1}{2}$ | 1 |

$X$ と $Y$ は互いに独立だから，

$V(X)=E(X^2)-\{E(X)\}^2=50^2\cdot\dfrac{1}{2}-$ _06_ $^2=$ _07_

$\qquad\qquad\boxed{E(X^2)=50^2\cdot\dfrac{1}{2}+0^2\cdot\dfrac{1}{2}}$

$V(Y)=E(Y^2)-\{E(Y)\}^2=100^2\cdot\dfrac{1}{2}-$ _08_ $^2=$ _09_

$\qquad\qquad\boxed{E(Y^2)=100^2\cdot\dfrac{1}{2}+0^2\cdot\dfrac{1}{2}}$

よって，$V(Z)=V(X+Y)=V(X)+V(Y)=625+2500=$ _10_　→$Z$ の分散

## $aX+bY$ の期待値

上の問題の $Z$ の期待値は，右の公式を使って，次のよう
に求めることもできる。

重要

$a$, $b$ を定数とするとき，
$E(aX+bY)=aE(X)+bE(Y)$

表の出た50円硬貨の枚数を $X$，表の出た100円硬貨の枚数を $Y$ とすると，

$\quad Z=50X+100Y$

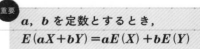

確率変数 $X$, $Y$ は，それぞれの
硬貨の表の出た枚数にする。　注意

$E(X)=E(Y)=$ _11_

よって，$E(Z)=E(50X+100Y)=$ _12_ $=50\cdot\dfrac{1}{2}+100\cdot\dfrac{1}{2}=$ _13_

公式 CHECK

確率変数の積の期待値

2つの確率変数 $X$, $Y$ が互いに独立であるとき，$E(XY)=E(X)E(Y)$

## 確率変数の積の期待値

● Aの袋には 1, 3, 5, 7 の数字のカードが1枚ずつ入っていて，Bの袋には 2, 4, 6, 8 の数字のカードが1枚ずつ入っている。それぞれの袋からカードを1枚取り出すとき，Aの袋のカードの数字を $X$，Bの袋のカードの数字を $Y$ とする。積 $XY$ の期待値を求めなさい。

$X$, $Y$ の確率分布は下の表のようになる。

| $X$ | 1 | 3 | 5 | 7 | 計 |
|-----|---|---|---|---|----|
| $P$ | $\dfrac{1}{4}$ | $\dfrac{1}{4}$ | $\dfrac{1}{4}$ | $\dfrac{1}{4}$ | 1 |

| $Y$ | 2 | 4 | 6 | 8 | 計 |
|-----|---|---|---|---|----|
| $P$ | $\dfrac{1}{4}$ | $\dfrac{1}{4}$ | $\dfrac{1}{4}$ | $\dfrac{1}{4}$ | 1 |

$E(X)=1\cdot\dfrac{1}{4}+3\cdot\dfrac{1}{4}+5\cdot\dfrac{1}{4}+7\cdot\dfrac{1}{4}=$ ___01___

$E(Y)=2\cdot\dfrac{1}{4}+4\cdot\dfrac{1}{4}+6\cdot\dfrac{1}{4}+8\cdot\dfrac{1}{4}=$ ___02___

$X$ と $Y$ は互いに独立だから，

$E(XY)=E(X)E(Y)=$ ___03___ $\times$ ___04___ $=$ ___05___

## 3つ以上の確率変数の和と積

大中小3個のさいころを投げるとき，それぞれの出る目を $X$, $Y$, $Z$ とする。次の値を求めなさい。

$E(X)=E(Y)=E(Z)=\dfrac{7}{2}$, $V(X)=V(Y)=V(Z)=\dfrac{35}{12}$ ──求め方は p.131 を参照

**1** $\underline{E(X+Y+Z)}=$ ___06___  ┤ $E(X+Y+Z)=E(X)+E(Y)+E(Z)$ **重要**
和の期待値

$=\dfrac{7}{2}+\dfrac{7}{2}+\dfrac{7}{2}=$ ___07___

**2** $\underline{E(XYZ)}=$ ___08___
積の期待値

3つの確率変数が互いに独立であるとき，**重要**
$E(XYZ)=E(X)E(Y)E(Z)$
$V(X+Y+Z)=V(X)+V(Y)+V(Z)$

$=\dfrac{7}{2}\cdot\dfrac{7}{2}\cdot\dfrac{7}{2}=$ ___09___

**3** $\underline{V(X+Y+Z)}=$ ___10___
和の分散

$=\dfrac{35}{12}+\dfrac{35}{12}+\dfrac{35}{12}=$ ___11___

# THEME 二項分布

確率変数 $X$ が二項分布 $B(n, p)$ に従うとき,

期待値　$E(X)=np$　　分散　$V(X)=npq$　$(q=1-p)$　　標準偏差　$\sigma(X)=\sqrt{npq}$

## 二項分布

1回の試行で事象 $A$ の起こる確率を $p$ とする。この試行を $n$ 回行う反復試行において,事象 $A$ の起こる回数を $X$ とすると,確率変数 $X$ の確率分布は次の表のようになる。ただし,$q=1-p$

| $X$ | 0 | 1 | …… | $r$ | …… | $n$ | 計 |
|---|---|---|---|---|---|---|---|
| $P$ | ${}_nC_0q^n$ | ${}_nC_1p^1q^{n-1}$ | …… | ${}_nC_rp^rq^{n-r}$ | …… | ${}_nC_np^n$ | 1 |

このような確率分布を二項分布といい,$B(n, p)$ で表す。

● 1枚の硬貨を5回投げるとき,表の出る回数を $X$ とする。確率 $P(X \leq 2)$ を求めなさい。

1回投げるとき,表の出る確率は 01 _____

よって,$X$ は二項分布 $B(5,$ 02 _____$)$ に従う確率変数である。

$P(X \leq 2)=P(X=0)+P(X=1)+P(X=2)={}_5C_0\left(\dfrac{1}{2}\right)^5+{}_5C_1\left(\dfrac{1}{2}\right)^1\left(1-\dfrac{1}{2}\right)^4+{}_5C_2\left(\dfrac{1}{2}\right)^2\left(1-\dfrac{1}{2}\right)^3$

$=\dfrac{\text{03}}{2^5}+\dfrac{\text{04}}{2^5}+\dfrac{\text{05}}{2^5}=\dfrac{\text{06}}{32}=$ 07 _____

## 二項分布の期待値,分散,標準偏差

● 1個のさいころを180回投げて,6の約数の目が出る回数を $X$ とする。$X$ の期待値,分散,標準偏差を求めなさい。

1回投げて,6の約数の目が出る確率は 08 _____　→ 6の約数は1,2,3,6

よって,$X$ は二項分布 $B(180,$ 09 _____$)$ に従う確率変数である。

$E(X)=180 \cdot$ 10 _____ $=$ 11 _____　→ 期待値　　$\boxed{E(X)=np}$

$V(X)=180 \cdot$ 12 _____ $\cdot (1-$ 13 _____$)=$ 14 _____　→ 分散　　$\boxed{V(X)=npq \quad (q=1-p)}$

$\sigma(X)=\sqrt{V(X)}=\sqrt{\text{15} \underline{\qquad}}=$ 16 _____　→ 標準偏差　　$\boxed{\sigma(X)=\sqrt{npq}}$

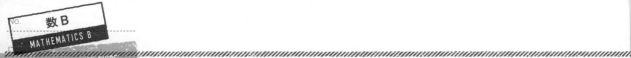

## 解法 CHECK

正規分布 $N(0,\ 1)$ を**標準正規分布**という。

確率変数 $X$ が正規分布 $N(m,\ \sigma^2)$ に従うとき，$Z=\dfrac{X-m}{\sigma}$ とおくと，$Z$ は標準正規分布 $N(0,\ 1)$ に従う。

## 確率密度関数

● 確率変数 $X$ のとる値の範囲が $0\leqq X\leqq\sqrt{2}$ で，その確率密度関数は $f(x)=x$ であるとき，確率 $P(0.5\leqq X\leqq 1)$ を求めなさい。

$$P(0.5\leqq X\leqq 1)=\int_{0.5}^{1} x\,dx$$

$$=\Bigl[\ \underline{\phantom{01}}\ \Bigr]_{0.5}^{1}$$

$$=\frac{1}{2}\times1^2-\frac{1}{2}\times0.5^2=\underline{\phantom{02}}$$

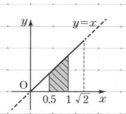

**重要**

確率密度関数 $f(x)$ の性質
❶ $f(x)\geqq 0$
❷ $P(a\leqq X\leqq b)=\int_{a}^{b} f(x)\,dx$
❸ $\alpha\leqq X\leqq\beta$ のとき，$\int_{\alpha}^{\beta} f(x)\,dx=1$

## 正規分布

確率変数 $X$ が正規分布 $N(m,\ \sigma^2)$ に従うとき，$X$ の分布曲線 $y=f(x)$ は，次のような性質をもつ。

❶ 直線 $x=m$ に関して $\underline{\phantom{03}}$ で，$y$ は $x=m$ のとき最大値をとる。

❷ $x$ 軸を漸近線とし，$x$ 軸と分布曲線の間の面積は $\underline{\phantom{04}}$ である。

❸ 標準偏差 $\sigma$ が $\underline{\phantom{05}}$ なるほど，曲線の山は低くなり横に広がり，$\sigma$ が $\underline{\phantom{06}}$ なるほど，曲線の山は高くなり直線 $x=m$ の周りに集まる。

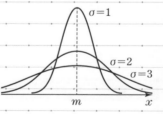

## 標準正規分布

● 確率変数 $X$ が正規分布 $N(3,\ 2^2)$ に従うとき，確率 $P(1\leqq X\leqq 7)$ を求めなさい。

$Z=\dfrac{X-3}{2}$ とおくと，$Z$ は標準正規分布 $N(0,\ 1)$ に従う。

$X=1$ のとき，$Z=\underline{\phantom{07}}$ ，$X=7$ のとき，$Z=\underline{\phantom{08}}$

$$P(1\leqq X\leqq 7)=P(-1\leqq Z\leqq 2)$$
$$=P(-1\leqq Z\leqq\underline{\phantom{09}})+P(\underline{\phantom{10}}\leqq Z\leqq 2)$$
$$=P(0\leqq Z\leqq 1)+P(0\leqq Z\leqq 2)\quad\to P(-1\leqq Z\leqq 0)=P(0\leqq Z\leqq 1)$$
$$=\underset{p(1)\,の値}{0.3413}+\underset{p(2)\,の値}{0.4772}=0.8185$$

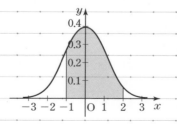

# THEME 標本平均の分布

母平均 $m$，母標準偏差 $\sigma$ の母集団から大きさ $n$ の無作為標本を抽出するとき，

標本平均 $\overline{X}$ の期待値　$E(\overline{X})=m$　　標本平均 $\overline{X}$ の標準偏差　$\sigma(\overline{X})=\dfrac{\sigma}{\sqrt{n}}$

## 標本平均の分布

● 数字 1 のカードが 100 枚，数字 2 のカードが 300 枚，数字 3 のカードが 600 枚ある。この 1000 枚のカードを母集団とし，カードの数字を変量と考える。この母集団から大きさ 180 の無作為標本を抽出するとき，次のものを求めなさい。

**1** 母平均 $m$

母集団分布は，右の表のようになる。

母平均 $m$ は，確率変数 $X$ の期待値だから，

$$m=1\cdot\dfrac{1}{10}+2\cdot\dfrac{3}{10}+3\cdot\dfrac{6}{10}$$

| $X$ | 1 | 2 | 3 | 計 |
|---|---|---|---|---|
| $P$ | $\dfrac{1}{10}$ | $\dfrac{3}{10}$ | $\dfrac{6}{10}$ | 1 |

$E(X)=x_1 p_1+x_2 p_2+\cdots\cdots+x_n p_n$

$$=\dfrac{\boxed{01}}{10}=\boxed{02}$$

> 母集団における
> 期待値 (平均)，分散，標準偏差を
> それぞれ母平均，母分散，母標準偏差という。

**2** 母標準偏差 $\sigma$

母分散 $\sigma^2=\left(1-\dfrac{5}{2}\right)^2\cdot\dfrac{1}{10}+\left(2-\dfrac{5}{2}\right)^2\cdot\dfrac{3}{10}+\left(3-\dfrac{5}{2}\right)^2\cdot\dfrac{6}{10}$

$$=\dfrac{\boxed{03}}{40}=\boxed{04}$$

$V(X)=(x_1-m)^2 p_1+(x_2-m)^2 p_2+\cdots\cdots+(x_n-m)^2 p_n$

よって，母標準偏差 $\sigma$ は，$\sigma=\sqrt{\boxed{05}}=\boxed{06}$

$\sigma(X)=\sqrt{V(X)}$

└─➤ 分母を有理化する

**3** 標本平均 $\overline{X}$ の期待値 $E(\overline{X})$

$E(\overline{X})=m$ だから，$E(\overline{X})=\boxed{07}$

> 標本における
> 期待値 (平均)，分散，標準偏差を
> それぞれ標本平均，標本分散，標本標準偏差という。

**4** 標本平均 $\overline{X}$ の標準偏差 $\sigma(\overline{X})$

$\sigma(\overline{X})=\dfrac{\sigma}{\sqrt{n}}=\boxed{08}\times\dfrac{1}{\sqrt{180}}=\boxed{09}\times\dfrac{1}{6\sqrt{5}}=\boxed{10}$

公式 CHECK

**母平均の推定**

母標準偏差を $\sigma$ とする。標本の大きさ $n$ が大きいとき，母平均 $m$ に対する信頼度 95% の

信頼区間は，$\left[ \overline{X} - 1.96 \cdot \dfrac{\sigma}{\sqrt{n}}, \ \overline{X} + 1.96 \cdot \dfrac{\sigma}{\sqrt{n}} \right]$

**母比率の推定**

標本の大きさ $n$ が大きいとき，標本比率を $R$ とすると，母比率 $p$ に対する信頼度 95% の

信頼区間は，$\left[ R - 1.96 \sqrt{\dfrac{R(1-R)}{n}}, \ R + 1.96 \sqrt{\dfrac{R(1-R)}{n}} \right]$

## 母平均の推定

● ある県の 17 歳男子の 900 人を無作為抽出して身長を測ったら，平均値 168.5 cm，標準偏差 4.5 cm
を得た。この県の 17 歳男子全体の平均身長 $m$ cm に対して，信頼度 95% の信頼区間を求めなさい。

標本の平均値は $\overline{x} = 168.5$，標本の標準偏差は $S = 4.5$，標本の大きさは $n = 900$ だから，

└─ 母標準偏差 $\sigma$ の代わりに標本の標準偏差 $S$ を用いてもよい

$1.96 \cdot \dfrac{S}{\sqrt{n}} = 1.96 \cdot \dfrac{4.5}{\sqrt{\boxed{01\phantom{00}}}} \fallingdotseq 0.3$

求める信頼区間は，

$[168.5 - \boxed{02\phantom{00}}, \ 168.5 + \boxed{03\phantom{00}}]$

よって，$[\boxed{04\phantom{000}}, \ \boxed{05\phantom{000}}]$

ただし，単位は cm

注意

**信頼度 95% の信頼区間の意味**

信頼区間は母平均を必ず含むとは限らない。
多数回抽出して信頼区間を求めれば，その
うち 95% は母平均を含んでいるということ。

● ある世論調査で，有権者から無作為抽出した 600 人について A 政党の支持者を調べたら 240 人であ
った。A 政党の支持者の母比率 $p$ に対して，信頼度 95% の信頼区間を求めなさい。

標本比率 $R$ は，$R = \dfrac{240}{600} = \boxed{06\phantom{0}}$ ──→ 標本比率 $R$ は，標本における A 政党の支持者の割合

標本の大きさは $n = 600$ だから，

$1.96 \sqrt{\dfrac{R(1-R)}{n}} = 1.96 \sqrt{\dfrac{\boxed{07\phantom{0}}(1 - \boxed{08\phantom{0}})}{600}} = 1.96 \times \boxed{09\phantom{0}} \fallingdotseq 0.039$

求める信頼区間は，$[\boxed{10\phantom{00}} - 0.039, \ \boxed{11\phantom{00}} + 0.039]$

よって，$[\boxed{12\phantom{00}}, \ \boxed{13\phantom{00}}]$

# THEME 仮説検定

## 解法 CHECK

仮説検定の手順

❶ 仮説検定したいことについて，対立仮説と帰無仮説を立てる。

❷ 帰無仮説について，標準正規分布に従う確率変数 $Z$ の値を求める。

❸ 有意水準の棄却域を求める。

❹ 標本から得られた確率変数 $Z$ の値が，棄却域に入るか入らないかを判定する。

**重要 仮説検定**
標本から得られた結果によって，仮説が正しいか正しくないかを判断する方法。正しいかどうか判断したい主張を対立仮説と呼び，それに反する主張を帰無仮説と呼ぶ。

**重要 棄却する**
仮説が正しくないと判断すること。

**棄却域**
有意水準 $\alpha$ に対して，仮説が棄却されるような確率変数の値の範囲。

**有意水準**
仮説を棄却できるかできないかの基準となる確率。0.05 と定めることが多い。

## 両側検定

● ある 1 枚の硬貨を 400 回投げたところ，表が 225 回出た。この結果から，この硬貨の表と裏の出やすさに偏りがあると判断してよいか。有意水準 5% で検定しなさい。

**手順1** この硬貨の表が出る確率を $p$ として，次の [1]，[2] の仮説を立てる。

対立仮説　[1]　$p \neq$ 01 　→小数で表すと

帰無仮説　[2]　$p =$ 02

**手順2** [2] の仮定のもとでは，1 枚の硬貨を 400 回投げて表が出る回数 $X$ は，

二項分布 $B(400,$ 03 $)$ に従う。

$X$ の期待値 $m$ と標準偏差 $\sigma$ は，

$$m = 400 \cdot 0.5 = \text{04} \qquad , \qquad \sigma = \sqrt{400 \cdot 0.5 \cdot 0.5} = \text{05}$$

$$Z = \frac{X - \text{06}}{\text{07}} \text{ は近似的に標準正規分布 } N(0, 1) \text{ に従う。}$$

$X = 225$ のとき，$Z = \dfrac{225 - \text{08}}{\text{09}} = \text{10}$

確率変数 $X$ が二項分布 $B(n, p)$ に従うとき，
期待値　　$m = np$
分散　　　$V(X) = npq$
標準偏差　$\sigma = \sqrt{npq}$
$(q = 1 - p)$

**手順3** 正規分布表から，$P(-1.96 \leq Z \leq 1.96) = 0.95$　　←0.95÷2=0.475 より，$p(u)=0.475$, $u=1.96$

よって，[2] の仮定のもとで，

$Z \leq -1.96$　または　$1.96 \leq Z$　……①

という事象は，確率 _11_　　　でしか起こらない

ことを示している。

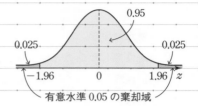

有意水準 0.05 の棄却域

**手順4** $Z =$ _12_　　　より，$Z$ の値は棄却域に入るから，[2] の仮
説を棄却できる。よって，この硬貨の表と裏の出やすさ
に偏りがあると判断してよい。

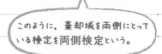

このように，棄却域を両側にとって
いる検定を両側検定という。

## 片側検定

● ある種子の発芽率は従来 25% であるが，それを発芽しやすいように品種改良した新しい種子から無
作為に 1200 個抽出して種をまいたところ，325 個が発芽した。品種改良によって発芽率が上がった
と判断してよいか。有意水準 5% で検定しなさい。

品種改良した新しい種子の発芽率を $p$ として，次の [1], [2] の仮説を立てる。

対立仮説　[1]　$p >$ _13_　　　　　　　　→小数で表すと

帰無仮説　[2]　$p =$ _14_

[2] の仮定のもとでは，1200 個のうち発芽する種子の個数 $X$ は，

二項分布 $B(1200,$ _15_　　　$)$ に従う。

$X$ の期待値 $m$ と標準偏差 $\sigma$ は，

$$m = 1200 \times 0.25 = \text{_16_}　,　\sigma = \sqrt{1200 \times 0.25 \times 0.75} = \text{_17_}$$

$Z = \dfrac{X - \text{_18_}}{\text{_19_}}$ は近似的に標準正規分布 $N(0, 1)$ に従う。

$X = 325$ のとき，$Z = \dfrac{325 - \text{_20_}}{\text{_21_}} = 1.66\cdots$

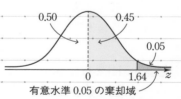

有意水準 0.05 の棄却域

発芽率が上がった場合についてだけ調
べればよいので，有意水準 5% の棄却
域を 0 の右側にだけとればよい

$P(0 \leq Z \leq 1.64) = 0.45$ だから，　←$p(u)=0.45$, $u=1.64$

有意水準 5% の棄却域は，$Z \geq 1.64$

$Z = 1.66\cdots$ より，$Z$ の値は棄却域に入るから，[2] の仮説を棄却

できる。よって，品種改良によって発芽率が上がったと判断し

てよい。

このように，棄却域を片側にとって
いる検定を片側検定という。

# THEME 数学と社会生活

## シェアサイクル

自転車のシェアリングシステム。
ポートと呼ばれる多数のシェアサイクル専用自転車が置かれた拠点があり，
利用者は，どこのポートから自転車を借りてもよく，どこのポートに自転車を返却してもよい。

●ポート A，B から貸し出された自転車がそれぞれの
ポートに返却された割合は日によらずほぼ一定で，
右の表のようになった。

| | A に返却 | B に返却 |
|---|---|---|
| A から貸出 | 0.8 | 0.2 |
| B から貸出 | 0.4 | 0.6 |

最初にポート A，B に 100 台ずつの自転車があるとすると，
1 日後，2 日後，3 日後，……と，ポート A，B の自転車の
台数は，右のように変化していく。

5 日後からポート A，B の自転車はそれぞれ一定の台数にな
るから，最大収容台数は，ポート A は 09 ___ 台，ポート
B は 10 ___ 台にすればよいと予測できる。

| | A | B |
|---|---|---|
| 1日後 | 120 | 80 |
| 2日後 | 01 | 02 |
| 3日後 | 03 | 04 |
| 4日後 | 05 | 06 |
| 5日後 | 07 | 08 |
| 6日後 | 133 | 67 |

## トリム平均（調整平均）

データの値を大きさの順に並べたときに，
データの両側から同じ個数だけ除外した後でとる平均。

●ある合唱コンクールで，3 つの合唱団 A，B，
C の点数をそれぞれ高い順に並べ，点数の高い
方と低い方からともに 20%，すなわち，2 個ず
つ除外すると，右の表のようになった。

| A | 10 | 9 | 8 | 7 | 7 | 5 | 5 | 4 | 4 | 3 |
|---|---|---|---|---|---|---|---|---|---|---|
| B | 9 | 8 | 8 | 7 | 6 | 6 | 5 | 5 | 4 | 4 |
| C | 8 | 7 | 7 | 7 | 7 | 6 | 6 | 5 | 5 | 4 |

残りの 6 個の得点の平均点は，

$$A\cdots\frac{8+7+7+5+5+4}{6} \qquad B\cdots\frac{8+7+6+6+5+5}{6} \qquad C\cdots\frac{7+7+7+6+6+5}{6}$$

$$= 11 \text{___（点）} \qquad = 12 \text{___（点）} \qquad = 13 \text{___（点）}$$

よって，20% トリム平均が最も高い合唱団は 14 ___ となる。

> トリム平均は，スポーツやコンクール
> などで，極端な採点をする審判や
> 審査員の影響を小さくする目的で
> 用いられる。

## 最大剰余方式

選挙区ごとに議席を割り振るとき，（総人口）÷（議席総数）＝$d$ として，各選挙区の人口を $d$ で割った値によって議席を割り振る方法。

● ある都市には第 1 から第 5 までの 5 つの選挙区があり，それぞれの選挙区の人口は下の表の通りである。また，この都市の議席総数は 20 である。

| 選挙区 | 第 1 | 第 2 | 第 3 | 第 4 | 第 5 | 合計 |
|---|---|---|---|---|---|---|
| 人口（人） | 40000 | 34000 | 32000 | 26000 | 18000 | 150000 |

総人口を議席総数で割った値 $d$ は，$d=$ [15] $\div$ [16] $=7500$

　　　　　　　　　　　　　　　↑総人口　　↑議席総数

各選挙区の人口を $d$ で割った値は，

　第 1 選挙区…$40000 \div 7500 = 5.33\cdots$

　第 2 選挙区…$34000 \div 7500 = 4.53\cdots$

　第 3 選挙区…$32000 \div 7500 = 4.26\cdots$

　第 4 選挙区…$26000 \div 7500 = 3.46\cdots$

　第 5 選挙区…$18000 \div 7500 = 2.4$

各値の小数点以下を切り捨てた値は，

　第 1 選挙区… [17]　　　，第 2 選挙区… [18]　　　，第 3 選挙区… [19]　　　，第 4 選挙区… [20]　　　，

　第 5 選挙区… [21]

これらの合計は 18 だから，この通りに議席を割り振っても議席総数 20 にはならない。

次に，残りの 2 議席を，切り捨てた値の大きい順に 1 議席ずつ議席が余らなくなるまで割り振る。

切り捨てた値が大きい順に，

　第 [22]　　　選挙区→第 [23]　　　選挙区→第 [24]　　　選挙区→第 [25]　　　選挙区→第 [26]　　　選挙区

よって，各選挙区の議席数は，

　第 1 選挙区… [27]　　　，第 2 選挙区… [28]　　　，第 3 選挙区… [29]　　　，第 4 選挙区… [30]　　　，

　第 5 選挙区… [31]

**P.015 3次式の展開と因数分解**

01 $a^2+2ab+b^2$　　02 $a^3+3a^2b+3ab^2+b^3$　　03 $x^3+12x^2+48x+64$　　04 $8a^3-36a^2b+54ab^2-27b^3$

05 $x^3+125$　　06 $(x+3)(x^2-3x+9)$　　07 $a^3+8$　　08 $a^3-8$　　09 $a+2$　　10 $a-2$

**P.016 二項定理**

01 4　　02 6　　03 4　　04 5　　05 10　　06 10　　07 5　　08 $a^4+4a^3b+6a^2b^2+4ab^3+b^4$

09 $a^5+5a^4b+10a^3b^2+10a^2b^3+5ab^4+b^5$　　10 $x^5+15x^4+90x^3+270x^2+405x+243$　　11 210　　12 35

**P.017 多項式の割り算**

01 $4x+8$　　02 $-4x^2-8x$　　03 $8x+16$　　04 4　　05 $3x^2-4x+8$　　06 4　　07 $x+5$　　08 $x-1$

09 8　　10 $x-3$　　11 $-2x+7$　　12 $2x^2-x+5$

**P.018 恒等式**

01 ある　　02 ない　　03 $4a+b$　　04 $4a+2b+c$　　05 3　　06 5　　07 $-4$　　08 3　　09 $-7$

10 $-2$

**P.019 分数式**

01 $3a$　　02 $4b$　　03 $\dfrac{3a}{4b}$　　04 $(2x-1)^2$　　05 $(x+2)(2x-1)$　　06 $\dfrac{2x-1}{x+2}$　　07 $2(x+2)$

08 $(x+3)(x-3)$　　09 $\dfrac{2x}{x+3}$　　10 $(x+1)(x-4)$　　11 $x(x+1)$　　12 $x-1$　　13 $(x+2)(x-1)$

14 $x-1$　　15 $(x+3)(x-3)$　　16 $x+3$　　17 $2x^2$　　18 $x+1$　　19 $(x-1)(2x+1)$

20 $\dfrac{2x+1}{x(x+1)}$　　21 $a+b$　　22 $2a+3b$　　23 1　　24 0　　25 3　　26 $-2$

**P.021 等式の証明**

01 $x^2y^2-x^2-y^2+1$　　02 $x^2y^2+2xy+1$　　03 $x^2+2xy+y^2$　　04 $x^2y^2-x^2-y^2+1$

05 $a^3+3a^2b+3ab^2+b^3$　　06 $a^2b+ab^2$　　07 0　　08 9　　09 9　　10 $4k$　　11 $3k$　　12 $6k$

13 $2k$　　14 $3k$　　15 $2k$　　16 $3k$　　17 $bk$　　18 $dk$　　19 $bk$　　20 $dk$　　21 $k^2$　　22 $k^2$

23 $bdk^2$　　24 $k^2$

**P.023 不等式の証明**

01 $b+c$　　02 $d+b$　　03 $x-y$　　04 $x-y$　　05 0　　06 $(x+2)(y-2)$　　07 $x+2$　　08 $y-2$

09 0

**P.024 実数の平方**

01 $x-1$　　02 $y+1$　　03 0　　04 1　　05 $-1$　　06 $x+1$　　07 $x^2$

**P.025 絶対値と不等式**

01 $<$　　02 $a^2-2|ab|+b^2$　　03 $|ab|-ab$　　04 $\geqq$　　05 $\leqq$　　06 $\geqq$

**P.026 相加平均と相乗平均**

01 $\sqrt{a}$　　02 $\sqrt{b}$　　03 $\sqrt{a}-\sqrt{b}$　　04 0　　05 2　　06 2　　07 4

**P.027 複素数**

01 $-6$　　02 0　　03 0　　04 $\sqrt{5}$　　05 $\dfrac{2}{3}$　　06 $-\dfrac{1}{3}$　　07 0　　08 0　　09 6　　10 2　　11 7

12 $-1$　　13 1　　14 $-3$　　15 $6-4i$　　16 $3+4i$　　17 $26-7i$　　18 25　　19 $2-3i$　　20 $2-3i$

21 $39-26i$　　22 $3-2i$　　23 $5i$　　24 $-4$　　25 $2\sqrt{3}\,i$　　26 $2i$

**P.029　2次方程式の解**

<u>01</u> 36　　<u>02</u> $\pm 6i$　　<u>03</u> 20　　<u>04</u> $\pm 2\sqrt{5}\,i$　　<u>05</u> $4 \cdot 5 \cdot 3$　　<u>06</u> $-11$　　<u>07</u> $\sqrt{11}\,i$　　<u>08</u> $4 \cdot 9$　　<u>09</u> $-27$

<u>10</u> $3\sqrt{3}\,i$　　<u>11</u> 実数解　　<u>12</u> 虚数解　　<u>13</u> 重解　　<u>14</u> $\geqq$　　<u>15</u> 6　　<u>16</u> 2　　<u>17</u> $-6$　　<u>18</u> 2

**P.031　解と係数の関係**

<u>01</u> $-6$　　<u>02</u> 3　　<u>03</u> 2　　<u>04</u> $-4$　　<u>05</u> 3　　<u>06</u> $-\dfrac{4}{3}$　　<u>07</u> $-2$　　<u>08</u> 5　　<u>09</u> $-2$　　<u>10</u> 5　　<u>11</u> $-2$

<u>12</u> 22　　<u>13</u> $-\dfrac{1}{2}$　　<u>14</u> $\dfrac{3}{2}$　　<u>15</u> $-\dfrac{11}{4}$　　<u>16</u> $\dfrac{3}{2}$　　<u>17</u> $-\dfrac{11}{4}$　　<u>18</u> $\dfrac{3}{2}$　　<u>19</u> $-\dfrac{11}{6}$　　<u>20</u> $4\alpha$

<u>21</u> 30　　<u>22</u> $\dfrac{m}{3}$　　<u>23</u> $-2$　　<u>24</u> $-2$　　<u>25</u> $-8$　　<u>26</u> $-2$　　<u>27</u> 48　　<u>28</u> 48　　<u>29</u> $-2(-8)$

<u>30</u> $-8(-2)$

**P.033　2次式の因数分解**

<u>01</u> $\dfrac{5 \pm \sqrt{13}}{6}$　　<u>02</u> 3　　<u>03</u> $\dfrac{5-\sqrt{13}}{6}$　　<u>04</u> $-2 \pm \sqrt{3}\,i$　　<u>05</u> $\sqrt{3}\,i$　　<u>06</u> $\sqrt{3}\,i$

<u>07</u> $(x+2-\sqrt{3}\,i)(x+2+\sqrt{3}\,i)$　　<u>08</u> 4　　<u>09</u> 11　　<u>10</u> $x^2-4x+11$　　<u>11</u> $>$　　<u>12</u> $>$　　<u>13</u> $<$

<u>14</u> $>$　　<u>15</u> $<$　　<u>16</u> 3　　<u>17</u> 6　　<u>18</u> $-3$　　<u>19</u> 6　　<u>20</u> 0　　<u>21</u> $-6$　　<u>22</u> $-6$　　<u>23</u> $-3$

**P.035　剰余の定理**

<u>01</u> $-2$　　<u>02</u> $-26$　　<u>03</u> $2a+b$　　<u>04</u> $-3a+b$　　<u>05</u> 4　　<u>06</u> 9　　<u>07</u> $-1$　　<u>08</u> 6　　<u>09</u> $-x+6$

**P.036　因数定理**

<u>01</u> $x-2$　　<u>02</u> $x^2+5x+6$　　<u>03</u> $(x+2)(x+3)$　　<u>04</u> $(x-2)(x+2)(x+3)$　　<u>05</u> 4　　<u>06</u> $-7$

<u>07</u> 5　　<u>08</u> $x^2+4x-7$　　<u>09</u> 5

**P.037　高次方程式**

<u>01</u> $x^2+x+1$　　<u>02</u> $\dfrac{-1 \pm \sqrt{3}\,i}{2}$　　<u>03</u> $\dfrac{-1 \pm \sqrt{3}\,i}{2}$　　<u>04</u> $x^2+4$　　<u>05</u> $\pm \sqrt{5}$　　<u>06</u> $\pm 2i$

<u>07</u> $\pm \sqrt{5}$, $\pm 2i$　　<u>08</u> $x+1$　　<u>09</u> $x^2-4x+2$　　<u>10</u> $2 \pm \sqrt{2}$　　<u>11</u> $2 \pm \sqrt{2}$　　<u>12</u> $a+b-2$　　<u>13</u> $a+6$

<u>14</u> $-6$　　<u>15</u> 8　　<u>16</u> $x+4$　　<u>17</u> $-4$

**P.039　直線上の点**

<u>01</u> $p-a$　　<u>02</u> $b-p$　　<u>03</u> $m-n$　　<u>04</u> $n$　　<u>05</u> 1　　<u>06</u> 2　　<u>07</u> 6　　<u>08</u> $-1$　　<u>09</u> 3　　<u>10</u> 11

<u>11</u> $-5$　　<u>12</u> 2　　<u>13</u> $-2$　　<u>14</u> 2　　<u>15</u> 5

**P.040　座標平面上の点**

<u>01</u> $x_2-x_1$　　<u>02</u> $y_2-y_1$　　<u>03</u> AC　　<u>04</u> BC　　<u>05</u> 9　　<u>06</u> 3　　<u>07</u> 6　　<u>08</u> $3\sqrt{5}$　　<u>09</u> $-6$　　<u>10</u> 10

<u>11</u> 3, $-6$　　<u>12</u> $-3$, 6　　<u>13</u> $-3$, $-6$

**P.041　座標平面上の内分点・外分点**

<u>01</u> $m$　　<u>02</u> $n$　　<u>03</u> 内分　　<u>04</u> K　　<u>05</u> EF　　<u>06</u> $m$　　<u>07</u> $n$　　<u>08</u> 外分　　<u>09</u> T　　<u>10</u> EF

<u>11</u> 4　　<u>12</u> 1　　<u>13</u> 4　　<u>14</u> 1　　<u>15</u> 11　　<u>16</u> 8　　<u>17</u> 11　　<u>18</u> 8　　<u>19</u> 中線　　<u>20</u> 重心

<u>21</u> 2　　<u>22</u> 1　　<u>23</u> $x_2+x_3$　　<u>24</u> $y_2+y_3$　　<u>25</u> $x_1+x_2+x_3$　　<u>26</u> $y_1+y_2+y_3$

**P.043　直線の方程式**

<u>01</u> $-3$　　<u>02</u> 1　　<u>03</u> $2x-5$　　<u>04</u> 8　　<u>05</u> $-2$　　<u>06</u> $-x+6$　　<u>07</u> 4　　<u>08</u> $a$　　<u>09</u> $b$

### P.044　2直線の平行・垂直

**01** $m$　　**02** $\dfrac{1}{m}$　　**03** $-\dfrac{1}{m}$　　**04** $-\dfrac{1}{2}$　　**05** $-\dfrac{1}{2}$　　**06** $-\dfrac{1}{2}$　　**07** $x+2y+6$　　**08** $-\dfrac{3}{2}$　　**09** $\dfrac{2}{3}$

**10** $\dfrac{2}{3}$　　**11** $2x-3y+3$

### P.045　直線に関して対称な点

**01** $b-7$　　**02** $b-7$　　**03** $-1$　　**04** $\dfrac{b+7}{2}$　　**05** $\dfrac{b+7}{2}$　　**06** $4$　　**07** $3$　　**08** $4$　　**09** $3$

### P.046　点と直線の距離

**01** $\dfrac{4}{3}$　　**02** $3 \cdot 5$　　**03** $3 \cdot 5$　　**04** $4 \cdot 5$　　**05** $1$　　**06** $3$　　**07** $-4$　　**08** $5$　　**09** $15$　　**10** $3\sqrt{5}$

### P.047　円の方程式

**01** $x-a$　　**02** $y-b$　　**03** $3$　　**04** $(x-4)^2+(y+2)^2=9$　　**05** $\sqrt{6}$　　**06** $x^2+y^2=6$　　**07** $3$

**08** $6$　　**09** $3$　　**10** $6$　　**11** $25$　　**12** $5$　　**13** $(x-3)^2+(y-6)^2$　　**14** $4$　　**15** $-3$　　**16** $7$　　**17** $2$

**18** $-4$　　**19** $-8$　　**20** $x^2+y^2+2x-4y-8=0$

### P.049　円と直線

**01** $2x-8$　　**02** $4$　　**03** $2$　　**04** $-4, 2$　　**05** $-2$　　**06** $4$　　**07** $-4, -2$　　**08** $2, 4$　　**09** $6$

**10** $>$　　**11** $2$　　**12** $\sqrt{2}$　　**13** $\sqrt{5}$　　**14** $<$　　**15** $0$　　**16** $=$　　**17** $1$　　**18** $-6$　　**19** $<$　　**20** $0$

### P.051　円の接線の方程式

**01** $-\dfrac{2}{3}$　　**02** $-\dfrac{2}{3}$　　**03** $2$　　**04** $3$　　**05** $4$　　**06** $-2$　　**07** $2x-y$　　**08** $-3$　　**09** $2\sqrt{2}$

**10** $-3p+5$　　**11** $1, 2$　　**12** $2$　　**13** $-1$　　**14** $x+2y=5$　　**15** $1, 2$　　**16** $2x-y=5$　　**17** $2, -1$

**18** $-\dfrac{3}{4}$　　**19** $\dfrac{4}{3}$　　**20** $\dfrac{4}{3}$　　**21** $\dfrac{4}{3}$　　**22** $\dfrac{4}{3}x+\dfrac{26}{3}$

### P.053　2つの円

**01** $3$　　**02** $4$　　**03** $1$　　**04** $7$　　**05** 2点で交わる　　**06** $2$　　**07** $5$　　**08** $1$　　**09** $5$　　**10** 外接する

**11** $27$　　**12** $3\sqrt{3}$　　**13** $3\sqrt{3}$　　**14** $2\sqrt{3}$　　**15** $3$　　**16** $3\sqrt{2}$　　**17** $2\sqrt{3}$　　**18** $12$　　**19** $7x-25$

**20** $7x-25$　　**21** $3(4)$　　**22** $4(3)$　　**23** $3, 4$　　**24** $-4$　　**25** $3$　　**26** $3, -4$　　**27** $4, 3$

### P.055　軌跡と方程式

**01** $2$　　**02** $4$　　**03** $6$　　**04** $4$　　**05** $(x-6)^2+y^2=16$　　**06** $6, 0$　　**07** $4$

### P.056　不等式の表す領域

**01** $-\dfrac{2}{3}x+6$　　**02** 上側　　**03** 含まない　　**04** $(x-3)^2+(y+4)^2$　　**05** 内部　　**06** 含む

### P.057　連立不等式の表す領域

**01** $<$　　**04**

**02** $<$

**03** $>$

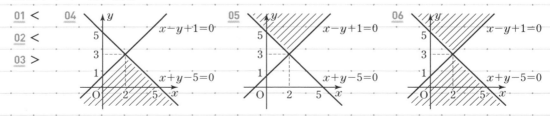

### P.058　領域の最大・最小

**01** $4$　　**02** $3$　　**03** $4$　　**04** $3$　　**05** $7$　　**06** $0$　　**07** $0$　　**08** $0$　　**09** $7$　　**10** $0$

**P.059** 角の拡張

01 180　02 $\dfrac{5}{6}\pi$　03 180　04 240　05 $\dfrac{3}{4}\pi$　06 $6\pi$　07 8　08 $24\pi$

**P.060** 三角関数

01 $-\sqrt{3}$　02 $-1$　03 $-\dfrac{1}{2}$　04 $-\dfrac{\sqrt{3}}{2}$　05 $\dfrac{1}{\sqrt{3}}$　06 2　07 4

**P.061** 三角関数の相互関係

01 $\dfrac{9}{25}$　02 $\dfrac{9}{25}$　03 $-\dfrac{3}{5}$　04 $-\dfrac{3}{5}$　05 $\dfrac{3}{4}$　06 $\dfrac{1}{4}$　07 $\dfrac{1}{4}$　08 $\dfrac{1}{2}$　09 $\dfrac{1}{2}$　10 $-\dfrac{\sqrt{3}}{2}$

11 2　12 1　13 $\dfrac{1}{2}$　14 $\dfrac{1}{2}$　15 $\dfrac{\sqrt{2}}{2}$　16 $\dfrac{1}{2}$　17 $\dfrac{\sqrt{2}}{2}$　18 $\dfrac{1}{2}$　19 2　20 $1+\sin\theta$

21 $\sin^2\theta$　22 $\cos^2\theta$

**P.063** 三角関数のグラフ

01 $\dfrac{\pi}{4}$　02 $2\pi$　03 $-\dfrac{\pi}{2}$　04 $2\pi$　05 3　06 $2\pi$　07 $\dfrac{1}{2}$　08 $\pi$　09 2　10 2　11 $4\pi$

**P.065** 三角関数の性質

01 $\dfrac{\pi}{6}$　02 $\dfrac{\pi}{6}$　03 $\dfrac{1}{2}$　04 $\dfrac{\pi}{4}$　05 $\dfrac{\pi}{4}$　06 $\dfrac{1}{\sqrt{2}}$　07 $\dfrac{\pi}{3}$　08 $\dfrac{\pi}{3}$　09 $\sqrt{3}$　10 $\dfrac{7}{3}\pi$

11 $\dfrac{\pi}{3}$　12 $-\dfrac{\sqrt{3}}{2}$　13 $\dfrac{25}{6}\pi$　14 $\dfrac{\pi}{6}$　15 $\dfrac{\sqrt{3}}{2}$　16 $\dfrac{5}{4}\pi$　17 $\dfrac{\pi}{4}$　18 $-1$　19 $\dfrac{\pi}{4}$

20 $-\dfrac{1}{\sqrt{2}}$　21 $\dfrac{\pi}{3}$　22 $-\dfrac{1}{2}$　23 $\cos$　24 $-\cos\theta$　25 $\tan\theta$　26 $\sin\theta$　27 $\cos\theta$

**P.067** 三角関数を含む方程式

01 $\dfrac{\pi}{6}$　02 $\dfrac{5}{6}\pi$　03 $\dfrac{\pi}{6}$　04 $\dfrac{5}{6}\pi$　05 $\dfrac{3}{4}\pi$　06 $\dfrac{5}{4}\pi$　07 $\dfrac{2}{3}\pi$　08 $\dfrac{5}{3}\pi$

**P.068** 三角関数を含む不等式

01 $\dfrac{\pi}{4}$　02 $\dfrac{3}{4}\pi$　03 $\dfrac{\pi}{4}$　04 $\dfrac{3}{4}\pi$　05 $\dfrac{\pi}{4}$　06 $\dfrac{3}{4}\pi$　07 $\dfrac{2}{3}\pi$　08 $\dfrac{4}{3}\pi$　09 $\dfrac{2}{3}\pi$

10 $\dfrac{4}{3}\pi$　11 $\dfrac{2}{3}\pi$　12 $\dfrac{4}{3}\pi$

**P.069** 正弦・余弦の加法定理

01 $\sin\alpha$　02 $\cos\alpha$　03 $\sin\alpha\cos\beta$　04 $\cos\alpha\sin\beta$　05 $\dfrac{1}{2}$　06 $\dfrac{\sqrt{3}}{2}$　07 $\sqrt{2}+\sqrt{6}$

08 45　09 30　10 $\dfrac{\sqrt{3}}{2}$　11 $\dfrac{1}{2}$　12 $\sqrt{6}-\sqrt{2}$

**P.070** 正接の加法定理

01 $\tan\alpha\tan\beta$　02 $\tan\alpha+\tan\beta$　03 $\sqrt{3}$　04 $\sqrt{3}$　05 $4-2\sqrt{3}$　06 $2-\sqrt{3}$　07 3

08 $\dfrac{1}{2}$　09 1　10 $\dfrac{\pi}{4}$

**P.071** 2倍角の公式

01 $\sin2\alpha$　02 $2\sin\alpha\cos\alpha$　03 $\dfrac{9}{25}$　04 $\dfrac{9}{25}$　05 $-\dfrac{3}{5}$　06 $-\dfrac{3}{5}$　07 $-\dfrac{24}{25}$　08 $-\dfrac{3}{5}$

09 $\dfrac{9}{25}$　10 $-\dfrac{7}{25}$

**P.072** 半角の公式

01 $1-\cos\alpha$　02 $1+\cos\alpha$　03 $\dfrac{4}{5}$　04 2　05 $\dfrac{1}{5}$　06 1　07 $\dfrac{8}{5}$　08 $\dfrac{5}{2}$　09 4　10 2

**P.073 2倍角と三角関数の方程式**

01 $2\cos^2\theta - 1$　　02 $1$　　03 $1$　　04 $1, \dfrac{1}{2}$　　05 $0$　　06 $\dfrac{\pi}{3}, \dfrac{5}{3}\pi$　　07 $2\sin\theta\cos\theta$　　08 $0$

09 $-\dfrac{\sqrt{3}}{2}$　　10 $\dfrac{\pi}{2}, \dfrac{3}{2}\pi$　　11 $\dfrac{4}{3}\pi, \dfrac{5}{3}\pi$

**P.074 和と積の公式**

01 $2\sin\alpha\cos\beta$　　02 $A+B$　　03 $A-B$　　04 $\dfrac{1}{\sqrt{2}}$　　05 $\dfrac{\sqrt{3}}{2}$　　06 $\dfrac{\sqrt{6}}{2}$

**P.075 三角関数の合成**

01 $r\cos\alpha$　　02 $r\sin\alpha$　　03 $\theta+\alpha$　　04 $2$　　05 $\dfrac{\pi}{6}$　　06 $\cos\dfrac{\pi}{6}$　　07 $\sin\dfrac{\pi}{6}$　　08 $\dfrac{\pi}{6}$　　09 $2$

10 $2$　　11 $\dfrac{\pi}{3}$　　12 $2$　　13 $-2$　　14 $\sqrt{2}$　　15 $\dfrac{\pi}{4}$　　16 $\sqrt{2}$　　17 $\dfrac{\pi}{4}$　　18 $\dfrac{\pi}{4}$　　19 $\dfrac{3}{4}\pi$

20 $0$　　21 $\dfrac{\pi}{2}$

**P.077 整数の指数**

01 $1$　　02 $3$　　03 $4$　　04 $-4$　　05 $+$　　06 $3$　　07 $-$　　08 $-1$　　09 $+, -$　　10 $2$

11 $\times$　　12 $-6$　　13 $\times$　　14 $\times$　　15 $-2$　　16 $4$

**P.078 累乗根**

01 $2$　　02 $2$　　03 $\dfrac{1}{3}$　　04 $\dfrac{1}{3}$　　05 $2$　　06 $2$　　07 $3$　　08 $3$　　09 $6^6$　　10 $6$　　11 $5$　　12 $\sqrt{5}$

**P.079 有理数の指数**

01 $4$　　02 $3, 2$　　03 $3$　　04 $\dfrac{1}{2}$　　05 $\sqrt{7}$　　06 $\dfrac{3}{2}$　　07 $3$　　08 $64$　　09 $\dfrac{1}{8}$　　10 $3^3$　　11 $\dfrac{3}{2}$

12 $2^5$　　13 $\dfrac{5}{4}$　　14 $5^4$　　15 $\dfrac{4}{5}$　　16 $-\dfrac{4}{5}$　　17 $+$　　18 $2$　　19 $36$　　20 $-$　　21 $\dfrac{1}{2}$　　22 $\sqrt{3}$

23 $+, -$　　24 $2$　　25 $25$　　26 $2, 2$　　27 $\dfrac{1}{2}, \dfrac{1}{2}$　　28 $a-b$　　29 $3, 3$　　30 $1, -1$　　31 $\dfrac{1}{3}$

32 $\dfrac{10}{3}$

図1　　　　図2

**P.081 指数関数のグラフ**

01 $\dfrac{1}{4}$　　02 $\dfrac{1}{2}$　　03 $1$　　04 $2$

05 $4$　　06 $8$　　07 図1　　08 $8$

09 $4$　　10 $2$　　11 $1$　　12 $\dfrac{1}{2}$

13 $\dfrac{1}{4}$　　14 $\dfrac{1}{8}$　　15 図2　　16 $y$

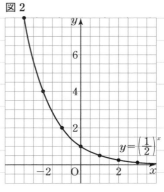

**P.082 指数関数の特徴**

01 $\dfrac{2}{3}$　　02 $\dfrac{3}{4}$　　03 $\dfrac{4}{7}$　　04 $\sqrt[7]{81}$　　05 $\sqrt[3]{9}$　　06 $\sqrt[4]{27}$　　07 $-\dfrac{1}{2}$　　08 $\dfrac{3}{2}$　　09 $\dfrac{4}{3}$　　10 $\sqrt{\dfrac{1}{8}}$

11 $\sqrt[3]{\dfrac{1}{16}}$　　12 $\sqrt{2}$

## P.083 指数関数を含む方程式，不等式

01 3　02 $3x$　03 $3x$　04 2　05 $3x$　06 $-2$　07 $-2$　08 $-\dfrac{2}{3}$　09 9　10 $-1, 9$

11 9　12 2　13 2　14 $\dfrac{1}{2}$　15 $\dfrac{1}{2}$　16 $>$　17 $>\dfrac{1}{4}$　18 4　19 $4x$　20 $\geqq$　21 $\leqq 1$

22 8　23 $>$　24 $>$　25 3　26 $>3$

## P.085 対数

01 底　02 対数　03 真数　04 2　05 $-3$　06 5　07 5　08 $-2$　09 $-2$　10 $-2$

11 $-2$　12 $-3$　13 $-3$　14 $\dfrac{1}{3}$　15 $\dfrac{1}{3}$　16 6　17 6

## P.086 対数の性質

01 $a^{p+q}$　02 $p+q$　03 $a^{kp}$　04 $kp$　05 $\times$　06 4　07 2　08 4　09 36　10 $-2$

11 $-2$

## P.087 底の変換

01 $\log_c a^p$　02 $p\log_c a$　03 $\log_c b$　04 $p\log_c a$　05 $\log_2 32$　06 5　07 5　08 $\dfrac{5}{4}$

09 16　10 32　11 4　12 5　13 $\dfrac{5}{4}$　14 $\log_2 8$　15 $\log_2 6$　16 3　17 $\log_2 6$　18 3

19 6　20 $\log_3 4$　21 $\log_3 9$　22 $\log_3 2$　23 2　24 $2\log_2 3$　25 2　26 $\log_2 3$　27 1

28 2　29 2　30 4

## P.089 対数関数のグラフ

01 $-3$　02 $-2$　03 $-1$

04 1　05 2　06 3

07 図1　08 3　09 2

10 1　11 $-1$　12 $-2$

13 $-3$　14 図2

図1

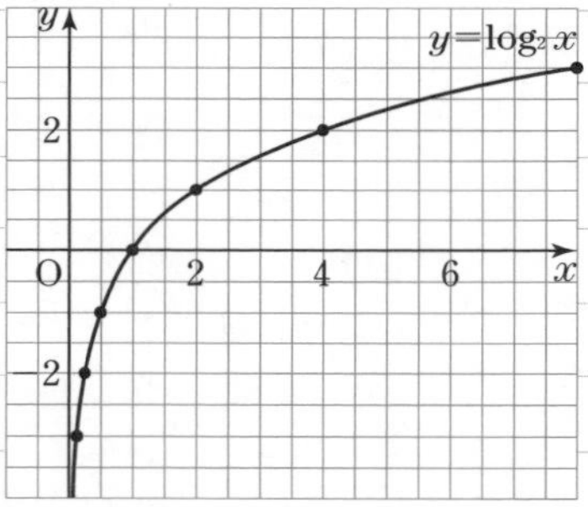

$y=\log_2 x$

図2

$y=\log_{\frac{1}{2}} x$

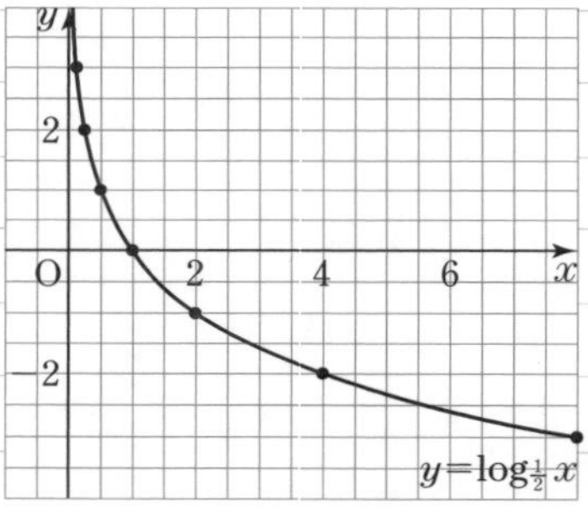

## P.090 対数関数の特徴

01 25　02 27　03 $<$　04 $<$　05 9　06 10　07 $>$　08 $>$　09 $\log_3 9$　10 $\log_3 6$

11 $<$　12 $<$

## P.091 対数関数を含む方程式，不等式

01 9　02 $<$　03 $0<x<9$　04 6　05 $-2, 8$　06 8　07 $-2$　08 $<$　09 6

10 $-2<x<6$

## P.092 対数関数の最大・最小

01 1　02 32　03 0　04 5　05 0　06 5　07 $4\log_2 x$　08 $(t-2)^2-3$　09 5　10 6

11 2　12 $-3$　13 32　14 4　15 32　16 6　17 4　18 $-3$

## P.093 常用対数

01 5　02 5　03 5.3692　04 $-4$　05 $-4$　06 $-3.6308$　07 3　08 4　09 3　10 4

11 31　12 $10^{31}$　13 31　14 9　15 10　16 9　17 10　18 9　19 10　20 9　21 10

22 13, 14　23 $2x$　24 $2x$　25 $2x$　26 8　27 14　28 14

**P.095** 微分係数

01 $2+h$    02 傾き    03 8    04 $4+h$    05 4    06 4

**P.096** 導関数

01 $3x^2+3xh+h^2$    02 $3x^2$    03 0    04 $nx^{n-1}$    05 $nx^{n-1}$

**P.097** 導関数の計算

01 $3x^2$    02 $2x$    03 $3x^2+2x$    04 $3x^2+3xh+h^2$    05 $3x^2+2x$    06 $3x^2$    07 $2x$    08 1

09 $2x^2+5x-4$    10 $x^3-5x^2+7x-3$    11 0    12 $3x^2-10x+7$    13 $-4x+7$    14 $-4$    15 7

16 $-5$    17 $2ax+b$    18 $2a+b$    19 $-2a+b$    20 3    21 $-2$    22 $-5$    23 $3x^2-2x-5$

24 $4\pi r^2$    25 $2r$    26 $8\pi r$    27 $\dfrac{4}{3}\pi r^3$    28 $3r^2$    29 $4\pi r^2$

**P.099** 接線の方程式

01 $2x-4$    02 2    03 2    04 $2x-2$    05 $-2x$    06 $-2a$    07 $-2ax+a^2+2$    08 $-3$, 1

09 $6x+11$    10 $-2x+3$

**P.100** 関数の増減と導関数

01 $-3$, 1    02 $x<-3$, $1<x$    03 $-3<x<1$    04 27    05 $-5$    06 増加    07 減少

08 $+$    09 $+$    10 増加

**P.101** 関数の極大・極小

01 極大    02 極大値    03 極小    04 極小値    05 極値    06 6    07 2    08 6    09 2

10 $-$    11 $-$    12 $-8$    13 12    14 18    15 $-3$    16 $-24$    17 27    18 $-27$    19 0

20 27

**P.103** 関数の最大・最小

01 $3(x-2)(x-4)$    02 2, 4    03 20    04 16    05 0    06 20    07 20    08 0

**P.104** 方程式，不等式への応用

01 $3(x+2)(x-2)$    02 $-2$, 2    03 20    04 $-12$    05 3    06 3    07 $3(x+1)(x-1)$

08 $-1$, 1    09 2    10 0    11 0

**P.105** 不定積分

01 $12x$    02 $3x^2$    03 $3x^2+3$    04 ②    05 積分定数    06 積分    07 $x$    08 $\dfrac{1}{2}x^2$    09 $\dfrac{1}{3}x^3$

10 $\dfrac{1}{4}x^4$    11 $\dfrac{1}{3}$    12 $\dfrac{1}{2}$    13 $\dfrac{1}{3}x^3+2x^2-x+C$    14 $\dfrac{1}{3}$    15 $\dfrac{1}{2}$    16 $3x^3-6x^2+4x+C$

17 $x^3+6x^2-15x$    18 $20+C$    19 $20+C$    20 $-20$    21 $x^3+6x^2-15x-20$

**P.107** 定積分

01 定積分    02 積分    03 $\dfrac{x^3}{3}-x^2+3x$    04 $\dfrac{7}{3}$    05 $\dfrac{x^3}{3}$    06 4    07 1    08 42

09 $F(b)-F(a)$    10 $x^3-x^2+x$    11 9    12 $2x-6$    13 2, 4

**P.109 定積分と面積①**

01 $\dfrac{x^3}{3}+2x$　　02 1　　03 1　　04 27　　05 1, 3　　06 $-\dfrac{x^3}{3}+2x^2-3x$　　07 $\dfrac{4}{3}$　　08 $f(x)$

09 $g(x)$　　10 $x+6$　　11 $-2$, 3　　12 $-\dfrac{x^3}{3}+\dfrac{x^2}{2}+6x$　　13 $\dfrac{9}{2}$　　14 $\dfrac{8}{3}$　　15 $\dfrac{125}{6}$

**P.111 定積分と面積②**

01 1　　02 3　　03 $-1$, 3　　04 $-1$　　05 3　　06 上　　07 $-x^2+4$　　08 $x^2-4x-2$

09 $-\dfrac{2}{3}x^3+2x^2+6x$　　10 2　　11 4　　12 0, $-2$, 4　　13 $-2$　　14 0　　15 上　　16 0

17 4　　18 下　　19 $\dfrac{x^4}{4}-\dfrac{2}{3}x^3-4x^2$　　20 $-\dfrac{x^4}{4}+\dfrac{2}{3}x^3+4x^2$

**P.113 等差数列**

01 $2n-1$　　02 $(-1)^n$　　03 $(-1)^n(2n-1)$　　04 5　　05 8　　06 $-2$　　07 $-2$　　08 $-7$

09 $-7$　　10 $-12$　　11 $-3$　　12 $-3$　　13 6　　14 6　　15 $-3n+9$　　16 $a+2d$　　17 $a+4d$

18 9　　19 4　　20 9　　21 4　　22 $4n+5$　　23 $7n+1$　　24 $7n+1$　　25 143　　26 143

27 $a$　　28 $b$　　29 $a+c$

**P.115 等差数列の和**

01 $a+l$　　02 $a+l$　　03 $n$　　04 $a+(n-1)d$　　05 10　　06 5　　07 25　　08 25　　09 1750

10 5　　11 3　　12 $3n+2$　　13 11　　14 11　　15 517　　16 100　　17 100　　18 15150

19 $-9n+409$　　20 46　　21 46　　22 45　　23 45　　24 9090

**P.117 等比数列**

01 3　　02 $-2$　　03 $3(-2)^{n-1}$　　04 $ar$　　05 $ar^3$　　06 9　　07 $\pm3$　　08 5　　09 $-5$

10 $5\cdot3^{n-1}$　　11 $-5(-3)^{n-1}$　　12 $b$　　13 $c$　　14 $ac$

**P.118 等比数列の和**

01 $a-ar^n$　　02 $1-r$　　03 $1-r^n$　　04 $n$　　05 4　　06 3　　07 3　　08 3　　09 $2(3^n-1)$

10 $ar+ar^2+ar^3$　　11 $a+ar+ar^2$　　12 $-\dfrac{1}{2}$　　13 8

**P.119 和の記号 Σ**

01 $3^2+5^2+7^2+\cdots\cdots+(2n+1)^2$　　02 $5+8+11+14+17$　　03 30　　04 150　　05 21　　06 210

07 16　　08 31　　09 1240　　10 55　　11 3025　　12 $6\displaystyle\sum_{k=1}^{n}k$　　13 $\dfrac{1}{2}n(n+1)$　　14 $3n(n+2)$

15 $\dfrac{1}{6}n(n+1)(2n+1)$　　16 $\dfrac{1}{3}n(n+1)(n+5)$　　17 $k(2k-1)$　　18 $\dfrac{1}{6}n(n+1)(2n+1)$

19 $\dfrac{1}{6}n(n+1)(4n-1)$

**P.121 階差数列**

01 $a_n-a_1$　　02 $\displaystyle\sum_{k=1}^{n-1}b_k$　　03 3　　04 2　　05 $2n+1$　　06 $n^2+1$　　07 1　　08 2　　09 $2^{n-1}+2$

**P.122 数列の和と一般項**

01 $a_n$　　02 2　　03 $n^2-n$　　04 $2n$　　05 $2n$　　06 $-1$　　07 $n^3-3n^2+3n-3$　　08 $3n^2-3n+1$

09 $3n^2-3n+1$　　10 $-1$

THE LOOSE-LEAF STUDY GUIDE
FOR HIGH SCHOOL STUDENTS

解答

**P.123 いろいろな数列の和**

01 $3$　　02 $4$　　03 $n+1$　　04 $n+1$　　05 $\dfrac{n}{n+1}$　　06 $5$　　07 $7$　　08 $2n+1$　　09 $2n+1$

10 $\dfrac{n}{2n+1}$　　11 $2$　　12 $2$　　13 $2^n(n-1)+1$　　14 $\dfrac{1}{2}n(n-1)$　　15 $\dfrac{1}{2}(n^2-n+2)$　　16 $1$

17 $n$　　18 $\dfrac{1}{2}n(n^2+1)$

**P.125 漸化式**

01 $1$　　02 $1$　　03 $-3$　　04 $-3$　　05 $-11$　　06 $4$　　07 $5$　　08 $5n-1$　　09 $2$　　10 $3$

11 $2\cdot3^{n-1}$　　12 $n^2+n$　　13 $n^2+n$　　14 $1$　　15 $1$　　16 $n^3-n+3$　　17 $-1$　　18 $4(a_n+1)$

19 $4$　　20 $4$　　21 $4^n$　　22 $4^n-1$

**P.127 数学的帰納法**

01 $1$　　02 $k+1$　　03 $\dfrac{1}{3}k(2k-1)(2k+1)$　　04 $\dfrac{1}{3}(k+1)(2k+1)(2k+3)$

05 $\dfrac{1}{3}(k+1)(2k+1)(2k+3)$　　06 $3$　　07 $3$　　08 $3m+1$　　09 $3$　　10 $3$　　11 $3^k>2k$　　12 $2k$

13 $2k-1$

**P.129 確率変数と確率分布**

01 $\dfrac{1}{8}$　　02 $\dfrac{3}{8}$　　03 $\dfrac{3}{8}$　　04 $\dfrac{1}{8}$　　05 $\dfrac{1}{2}$　　06 $\dfrac{1}{35}$　　07 $\dfrac{12}{35}$　　08 $\dfrac{18}{35}$　　09 $\dfrac{4}{35}$　　10 $\dfrac{1}{35}$

11 $\dfrac{12}{35}$　　12 $\dfrac{18}{35}$　　13 $\dfrac{4}{35}$

**P.130 確率変数の期待値**

01 $0,\ 10,\ 20,\ 50,\ 60,\ 70$　　02 $\dfrac{1}{8}$　　03 $2$　　04 $\dfrac{1}{8}$　　05 $\dfrac{2}{8}$　　06 $\dfrac{1}{8}$　　07 $\dfrac{1}{8}$　　08 $\dfrac{2}{8}$

09 $\dfrac{1}{8}$　　10 $280$　　11 $35$

**P.131 確率変数の分散と標準偏差**

01 $21$　　02 $\dfrac{7}{2}$　　03 $\dfrac{35}{2}$　　04 $\dfrac{35}{12}$　　05 $\dfrac{35}{12}$　　06 $\dfrac{\sqrt{105}}{6}$

**P.132 $aX+b$ の期待値，分散，標準偏差**

01 $a$　　02 $b$　　03 $aE(X)+b$　　04 $a^2$　　05 $a^2V(X)$　　06 $\dfrac{7}{2}$　　07 $40$　　08 $\dfrac{35}{12}$　　09 $\dfrac{875}{3}$

10 $\dfrac{\sqrt{105}}{6}$　　11 $\dfrac{5\sqrt{105}}{3}$

**P.133 確率変数の和**

01 $25$　　02 $50$　　03 $25$　　04 $50$　　05 $75$　　06 $25$　　07 $625$　　08 $50$　　09 $2500$　　10 $3125$

11 $\dfrac{1}{2}$　　12 $50E(X)+100E(Y)$　　13 $75$

**P.134 確率変数の積**

01 $4$　　02 $5$　　03 $4$　　04 $5$　　05 $20$　　06 $E(X)+E(Y)+E(Z)$　　07 $\dfrac{21}{2}$

08 $E(X)E(Y)E(Z)$　　09 $\dfrac{343}{8}$　　10 $V(X)+V(Y)+V(Z)$　　11 $\dfrac{35}{4}$

P.135 二項分布

01 $\dfrac{1}{2}$　02 $\dfrac{1}{2}$　03 1　04 5　05 10　06 16　07 $\dfrac{1}{2}$　08 $\dfrac{2}{3}$　09 $\dfrac{2}{3}$　10 $\dfrac{2}{3}$　11 120

12 $\dfrac{2}{3}$　13 $\dfrac{2}{3}$　14 40　15 40　16 $2\sqrt{10}$

P.136 正規分布

01 $\dfrac{1}{2}x^2$　02 0.375　03 対称　04 1　05 大きく　06 小さく　07 $-1$　08 2　09 0

10 0

P.137 標本平均の分布

01 25　02 $\dfrac{5}{2}$　03 18　04 $\dfrac{9}{20}$　05 $\dfrac{9}{20}$　06 $\dfrac{3\sqrt{5}}{10}$　07 $\dfrac{5}{2}$　08 $\dfrac{3\sqrt{5}}{10}$　09 $\dfrac{3\sqrt{5}}{10}$　10 $\dfrac{1}{20}$

P.138 推定

01 900　02 0.3　03 0.3　04 168.2　05 168.8　06 0.4　07 0.4　08 0.4　09 0.02

10 0.4　11 0.4　12 0.361　13 0.439

P.139 仮説検定

01 0.5　02 0.5　03 0.5　04 200　05 10　06 200　07 10　08 200　09 10　10 2.5

11 0.05　12 2.5　13 0.25　14 0.25　15 0.25　16 300　17 15　18 300　19 15

20 300　21 15

P.141 数学と社会生活

01 128　02 72　03 131　04 69　05 132　06 68　07 133　08 67　09 133　10 100

11 6　12 6.16…　13 6.33…　14 C　15 150000　16 20　17 5　18 4　19 4　20 3

21 2　22 2　23 4　24 5　25 1　26 3　27 5　28 5　29 4　30 4　31 2